河南省配电网网格化规划
作业指导书

黄河水利出版社
·郑 州·

图书在版编目(CIP)数据

河南省配电网网格化规划作业指导书/国网河南省电力公司编. —郑州:黄河水利出版社,2019.11
ISBN 978-7-5509-1728-6

Ⅰ.①河… Ⅱ.①国… Ⅲ.①配电系统-电力系统规划-河南 Ⅳ.①TM715

中国版本图书馆 CIP 数据核字(2019)第 253839 号

出 版 社:黄河水利出版社
　　　　地址:河南省郑州市顺河路黄委会综合楼 14 层　　邮政编码:450003
发行单位:黄河水利出版社
　　　　发行部电话:0371-66026940、66020550、66028024、66022620(传真)
　　　　E-mail:hhslcbs@126.com
承印单位:虎彩印艺股份有限公司
开本:787 mm×1 092 mm　1/16
印张:10.75
字数:185 千字　　　　　　　　　　　　　　印数:1—1 000
版次:2019 年 11 月第 1 版　　　　　　　　　印次:2019 年 11 月第 1 次印刷
定价:80.00 元

本书编委会

主　　任　魏胜民　余晓鹏　傅光辉
委　　员　杨红旗　田春筝

本书编写组

主　　编　马　杰　李秋燕　李　科
　　　　　王利利
编写成员　丁　岩　孙义豪　郭　勇
　　　　　郭晓静　张　静　陈　帆
　　　　　惠　峥　刘　然　贾梦青
　　　　　杨　卓　全少理　郭新志
　　　　　罗　潘　张艺涵　罗德俊
　　　　　关朝杰　于昊正　张　博
　　　　　杜文通　金　佳

前　言

网格化规划与传统配电网规划相比,新增了供电网格(单元)层级。通过维度延伸和层级拓展实现多规合一,克服了传统配电网规划电网存在的精确性不高、适应性不强等问题,能够实现配电网的精益规划、精准投资和精益管理。

目前,在网格化规划实践中,配电网规划设计人员存在网格化规划理念理解不到位、供电网格(单元)划分不合理、负荷预测不准确、技术原则不清晰、目标网架难落地等问题。本书以问题为导向,结合河南电网实际并借鉴先进省份经验,按照"更深、更细、更实"的原则编制,从供电网格(单元)划分、空间负荷预测、规划技术原则等网格化规划关键环节入手,对网格化规划各环节进行了细化和明确。

本书对河南省配电网规划人员具有较强的参考和指导意义,其他省份配电网规划人员在开展网格化规划工作时也可参考。

编　者
2019 年 10 月

目 录

前言
1 概述 …………………………………………………………………… (1)
   1.1 网格化规划简介 ………………………………………………… (1)
   1.2 术　语 …………………………………………………………… (1)
   1.3 本书主要内容 …………………………………………………… (2)
2 供电网格(单元)划分 ………………………………………………… (4)
   2.1 总体原则 ………………………………………………………… (4)
   2.2 影响网格(单元)划分的因素 …………………………………… (4)
   2.3 划分层次结构 …………………………………………………… (5)
   2.4 供电区域划分 …………………………………………………… (6)
   2.5 供电网格划分 …………………………………………………… (7)
   2.6 供电单元划分 …………………………………………………… (8)
   2.7 命名及编码规则 ………………………………………………… (9)
   2.8 操作流程和编制说明 …………………………………………… (12)
   2.9 网格划分示例 …………………………………………………… (14)
3 配电网现状评估 ……………………………………………………… (21)
   3.1 配电网现状评估常用指标 ……………………………………… (21)
   3.2 指标内容及计算方法 …………………………………………… (22)
   3.3 诊断问题分级 …………………………………………………… (28)
4 网格化规划电力需求预测 …………………………………………… (30)
   4.1 电量预测 ………………………………………………………… (30)
   4.2 负荷预测 ………………………………………………………… (38)
   4.3 供电网格(单元)饱和负荷预测 ………………………………… (39)
   4.4 供电网格(单元)近期负荷预测 ………………………………… (52)
   4.5 总量负荷预测 …………………………………………………… (54)
5 配电网规划技术原则 ………………………………………………… (55)
   5.1 一般技术原则 …………………………………………………… (55)
   5.2 高压电网 ………………………………………………………… (58)

  5.3 中压电网 …………………………………………… (60)
  5.4 低压电网 …………………………………………… (68)
  5.5 配电自动化 ………………………………………… (69)
  5.6 用户接入 …………………………………………… (71)
  5.7 分布式电源接入 …………………………………… (73)
  5.8 电铁接入 …………………………………………… (74)
  5.9 条文说明 …………………………………………… (75)
6 各电压等级电力平衡 ……………………………………… (90)
  6.1 110(35)kV 电力平衡 ……………………………… (90)
  6.2 10 kV 网供负荷与网供配变负荷 ………………… (96)
7 供电网格(单元)网架规划 ……………………………… (102)
  7.1 目标网架制定 …………………………………… (102)
  7.2 过渡方案制订 …………………………………… (103)
8 规划成效评估 …………………………………………… (110)
附　录 ……………………………………………………… (113)
  附录1 县(区)配电网规划报告大纲 …………… (113)
  附录2 规划成果体系 ……………………………… (140)
  附录3 供电可靠性分析与计算 …………………… (140)
  附录4 规划绘图图例及要求 ……………………… (153)
参考资料 …………………………………………………… (163)

1 概 述

1.1 网格化规划简介

传统配电网建设是以变电站为中心,由中压出线向四周自然延伸以满足周边负荷增长需求。这种自然发展式的网架结构造成以下影响:

(1) 变电站供电范围不清晰、容载比分布不均、主变负载率分布不均。

(2) 中压配电线路迂回,交叉供电,影响配电网供电可靠性和运行管理水平。

(3) 低压出线分散错乱,线损率较高。

配电网网格化规划是指与城乡规划紧密结合,以地块用电需求为基础,以目标网架为导向,将配电网供电区域划分为若干供电网格,并进一步细化为供电单元,分层分级开展的配电网规划。

网格化规划将配电网"大而化小"划分为多个供电网格(单元),明确划分各电压等级供电范围,制定中压配电网目标网架,并采用标准接线对每一个网格直接、独立供电,提升配网规划的精细度,提高规划、运检、业扩接入业务协同性。

按照《国家电网有限公司配电网网格化规划指导原则》,在供电区域划分基础上,进一步细分形成"供电区域、供电网格、供电单元"三级网络,分层分级开展配电网规划。

1.2 术 语

1.2.1 供电区域

供电区域是依据地区行政级别或规划水平年的负荷密度,参考经济发达程度、用户重要性、用电水平、GDP 等因素,按《配电网规划设计技术导则》(Q/GDW 1738—2012),将供电区域划分为 A+、A、B、C、D 五类。

1.2.2 供电网格

供电网格是在配电网供电区域划分的基础上,与城乡控制性详细规划、城乡区域性用地规划等市政规划及行政区域划分相衔接,综合考虑配电网运维抢修、营销服务等因素进一步划分而成的若干相对独立的网格。供电网格是制订目标网架规划、统筹廊道资源及变电站出线间隔的基本单位。

1.2.3 供电单元

供电单元是指在供电网格基础上,结合城市用地功能定位,综合考虑用地属性、负荷密度、供电特性等因素划分的若干相对独立的单元。供电单元是网架分析、规划项目方案编制的基本单元。

1.2.4 饱和负荷

区域经济社会水平充分发展到发达水平,电力消费增长趋缓,总体上保持相对稳定,负荷呈现饱和状态,此时的负荷为该区域的饱和负荷。

1.2.5 规划建成区

规划建成区是指城市行政区内实际已成片开发建设,市政公用设施和公共设施基本具备的地区,区域内电力负荷已经达到或即将达到饱和水平。

1.2.6 规划建设区

规划建设区是指规划区域正在进行开发建设,区域内电力负荷增长较为迅速,一般具有地方政府控制性详细规划。

1.2.7 自然发展区

自然发展区是指政府已实行规划控制,发展方向待明确,电力负荷保持自然增长的区域。

1.3 本书主要内容

本书以"网格化"规划理念为引领,立足实现"全流程规范化、全业务标准化"管理目标,为河南省各地(市)、各区(县)的网格化规划工作提供工具手册,为规范管理提供参考依据,为监督考核提供标准。按照配电网规划工作流程,本指导书共分为供电网格(单元)划分、配电网现状评估、网格化规划电力需求预测、配电网规划技术原则、各电压等级电力平衡、供电网格(单元)网架规划、规划成效评估共七部分内容,如图1-1所示。

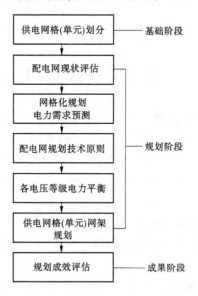

图1-1 本指导书主要内容

2 供电网格(单元)划分

2.1 总体原则

(1)供电网格(单元)划分应按照目标网架清晰、电网规模适度、管理责任明确的原则,主要考虑供电独立性、网架完整性、管理便利性等需求。

(2)供电网格(单元)划分应以城市规划中地块功能及开发情况为依据,根据饱和负荷预测结果进行校核,充分考虑现状电网改造难度、街道河流山丘等因素,划分应相对稳定,具有一定的近远期适应性。

(3)供电网格(单元)划分应保证不重不漏。

(4)供电网格(单元)划分应兼顾规划设计、运维检修、营销服务等业务的管理需要。

(5)网格化分区体系构建作为指导网格化建设改造的基本要素,应保持完整性、持续性,减少反复调整对相关成果的影响,因此现状年、过渡年及目标年的供电区域划分应基本保持一致,供电网格和供电单元划分应保持稳定性。

2.2 影响网格(单元)划分的因素

目前,网格(单元)划分工作主要以地区控制性详细规划文件所提供的用地属性、负荷密度、片区分块等资料为边界条件,适度考虑变电站布点,对电网结构考虑较少,致使网格划分结果与网架结构关联度差,无法通过网格(单元)划分对目标网架及年度建设改造方案形成指导、约束与优化。因此,在网格化理念引入、分区体系构建的具体操作过程中,网格(单元)划分应与电网结构紧密联系起来。网格分区体系是在电网层级体系与城市规划分区体系间建立一种联系,在网格划分和单元划分过程中需要综合考虑以下因素。

2.2.1 自然分界

网格(单元)划分不宜跨越河流、山丘等自然地理分界。

2.2.2 市政规划

网格(单元)划分应与市政规划分区分片相协调,发展不确定区域先按单一片区进行管理,不应跨越市政规划边界。

2.2.3 建设差异化

网格(单元)划分应根据规划区建设开发情况差异化考虑。建成区应考虑电网实际情况,因地制宜,网格、单元划分应适应网架建设与优化;城市新区应考虑远期布局合理性与过渡便捷性,通过网格、单元划分规范电网建设。

2.2.4 用户管理

当一组接线的供电能力能满足用户需求时,尽量不要出现用户被网格、单元切割的情况。

2.3 划分层次结构

供电网格(单元)划分主要考虑供电独立性、网架完整性、管理便利性等需求,按照目标网架清晰、电网规模适度、管理责任明确的原则,构建"供电区域、供电网格、供电单元"三级网络关系,如图2-1所示。

供电网格(单元)划分以饱和负荷预测结果为依据,充分考虑现状电网改造难度、街道河流等因素,划分应相对稳定,具有一定的近远期适应性;应保证网格(单元)之间不重不漏;应兼顾规划、设计、运行、检修、客户服务等全过程业务的管理需要。

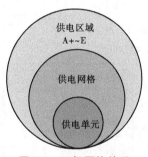

图2-1 三级网络关系

供电区域、供电网格、供电单元三级对应不同的电网规划层级,各层级间相互衔接、上下配合。网格化规划层次结构如图2-2所示。

(1)供电区域层面重点开展高压网络规划,主要明确高压配电网变电站布点和网架结构。

(2)供电网格层面重点开展中压配电网目标网架规划,主要从全局最优角度,确定区域饱和年目标网架结构,统筹上级电源出线间隔及通道资源。

(3)供电单元层面重点落实供电网格目标网架,确定配电设施布点和中

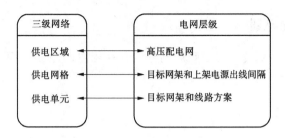

图 2-2　网格化规划层次结构

压线路建设方案。供电单元是配电网规划的最小单位。

2.4　供电区域划分

结合河南省经济社会发展情况,按照《配电网规划设计技术导则》(Q/GDW 1738—2012)中的配电网供区划分标准,依据规划水平年的负荷密度、行政级别,参考经济发达程度、用户重要程度、用电水平等因素进行供电区域划分。配电网供电区域划分标准如表 2-1 所示。

表 2-1　配电网供电区域划分标准

供电区域		A+	A	B	C	D
负荷密度 σ (MW/km^2)		σ≥30	15≤σ<30	6≤σ<15	1≤σ<6	0.1≤σ<1
行政级别	省会城市	市中心区	市中心区	市区或城镇	市区或城镇	农村
	全省其他地级市	—	市中心区	市中心区、市区或城镇	市区或城镇	农村
	全省各县	—	—	城镇	城镇	农村

注:1. 供电区域面积一般不小于 5 km^2;
    2. 供电区域划分过程中需计算负荷密度时,应扣除可靠性要求不高的 110(66) kV 高耗能专线负荷,以及高山、戈壁、荒漠、水域、森林等无效供电面积;
    3. 地级市中负荷密度大于等于 30 MW/km^2 的区域或国家级开发区,均按 A 级供电区域考虑;
    4. 各县中负荷密度大于等于 15 MW/km^2 的区域或省级开发区,均按 B 级供电区域考虑。

各类供电区域根据经济社会发展水平可分为建成区、规划建设区、自然发展区三种属性,供电区域应根据其属性,采用差异化规划策略。

2.5 供电网格划分

2.5.1 供电网格划分原则

(1)供电网格应结合道路、河流、山丘等明显的地理形态进行划分,与城乡控制性详细规划及区域性用地规划等市政规划相适应。

(2)供电网格划分应综合考虑区域内多种类型负荷用电特性,兼顾分布式电源及多元化负荷发展,提高设备利用率。

(3)乡镇地区供电网格划分应根据地理形态、变电站供电范围,将乡镇地区划分为若干相对独立供电的网格。

(4)为便于建设、运行维护、供电服务管理权限落实,可将供电分局作为一个供电网格。当管辖区域较大、供电区域类型不一致时,可拆分为多个供电网格。供电网格不宜跨越供电分局(营业部、所)。

(5)供电网格远期应包含2~4个电源点,供电网格内不宜超过8个供电单元,不应少于2个供电单元。

(6)供电网格不应跨越供电区域(A+~D),网格内区域供电可靠性要求一致,不宜跨越220 kV供电区域。

如图2-3所示,×镇网格包含B、C两类供电区域,网格划分不正确。

图2-3 跨越供区网格划分不正确案例示意

2.5.2 供电网格成熟程度分类

区域发展本身具有一定的不确定性,因此配电网网格化规划应当以饱和负荷预测结果构建目标网架,按照电量负荷的各个发展阶段和发展水平,对供电网格进行分类。

对供电网格成熟程度分类是开展差异化建设改造工作的关键,通过网格成熟程度分类,区分存量电网与增量电网,制定差异化的建设目标与建设改造策略,提升建设改造方案的精准性与指导性。

当前供电网格分为建成区、建设区和自然发展区三类。

建成区和建设区网格在确定其目标网格大小时应按照标准接线的供电能力进行适度调节,确保内部线路能够独立稳定供电,满足电力负荷需求,还应留有适当的裕度;对于自然发展区网格,考虑到负荷尚不确定这一要素,为避免电力建设严重滞后,可适度加大网格覆盖范围,至电力负荷明确后再对其进行合理划分。

2.6 供电单元划分

(1)供电单元划分应遵循电网发展需求相对一致的原则,一般由若干个相邻的、开发程度相近的、供电可靠性要求基本一致的地块(或用户区块)组成。

(2)供电单元划分应与市政规划分区相协调,不应跨越市政分区、控规边界、主干道路、山川、河流;无控规的区域,供电单元可按变电站供电范围划分。

(3)乡镇地区宜按照一乡镇一供电单元原则划分,可将多个饱和负荷偏小、难以形成目标网架的乡镇划为一个供电单元,但供电单元内最多不应超过3个乡镇。

(4)供电单元的划分应考虑变电站的位置、容量、间隔等影响,单元内远期应具备 2~4 个电源,1~3 组 10 kV 典型接线。原则上供电单元饱和负荷不宜超过 60 MW,不宜低于 15 MW(电源可不位于供电单元内,但宜位于所属供电网格内)。

(5)各供电单元之间的中压电网相对独立。受电源点及电力廊道限制难以独立供电的供电单元,可在两个供电单元间构建联络线路,但应避免线路跨多单元供电。饱和年各供电单元应实现独立供电。

(6)市区(城镇)供电单元的供电面积应适宜。A+类区域供电单元面积不宜超过 2 km^2;A 类区域不宜超过 5 km^2;B 类区域不宜超过 10 km^2;C 类区域供电单元面积宜在 5~15 km^2。

2.7 命名及编码规则

2.7.1 供电网格(单元)命名原则

(1)供电网格(单元)应具有唯一的命名。

(2)供电网格命名宜体现省、市、县(区)、代表性特征等信息。代表性特征命名宜选择片区名称、供电营业部(供电所)名称等,包括"省—市—县(区)—片区"四种信息,在县(区)级规划中可简称"网格"。

例如,郑州火车站网格,建议命名为"河南省郑州市二七区火车站网格";又如某地东渡镇网格,建议命名为"××省××市××县东渡镇网格"。

(3)供电单元命名应在供电网格名称基础上,体现供电单元序号、单元属性等信息。

①供电单元属性包含目标网架接线类型、供电区域类别、区域发展属性三种信息。

②目标网架接线类型代码如表 2-2 所示。

表 2-2　目标网架接线类型代码

接线模式	接线模式代码
架空多分段单联络	J1
架空多分段两联络	J2
架空多分段三联络	J3
电缆单环网	D1
电缆双环网	D2

③供电区域类别分为 A+、A、B、C、D 五类。

④按照区域发展属性程度分为规划建成区、规划建设区、自然增长区三类,分别用数字 1、2、3 表示。

2.7.2 供电网格(单元)编码规则

(1)为了便于数字化存储和识别,每个供电网格(单元)应在唯一命名基础上具有唯一的命名编码。

（2）供电网格命名编码形式应为省份编码—地（市）编码—县（区）编码—代表性地名编码。

①省份、地（市）、县（区）编码应参照编码原则，河南省编码为 HA。地（市）、县（区）级单位代码分别如表 2-3、表 2-4 所示。

表 2-3　地（市）级单位代码

地（市）	代码
安阳	AY
鹤壁	HB
濮阳	PY
焦作	JZ
新乡	XX
济源	JY
三门峡	SMX
洛阳	LY
郑州	ZZ
开封	KF
商丘	SQ
许昌	XC
漯河	LH
周口	ZK
平顶山	PDS
南阳	NY
驻马店	ZMD
信阳	XY

表2-4 县(区)级单位代码

供电区	县(区)	代码	供电区	县(区)	代码	供电区	县(区)	代码
郑州	中原区	ZYQ	新乡	——区	——Q	许昌	——区	——Q
	二七区	EQQ		新乡县	XXX		长葛市	CG
	金水区	JSQ		辉县市	HX		禹州市	YZ
	——区	——Q		卫辉市	WH		建安区	JAQ
	巩义市	GY		获嘉县	HJ		鄢陵县	YL
	荥阳市	XY		延津县	YJ		襄城县	XH
	中牟县	ZM		长垣县	CY	周口	——区	——Q
	登封市	DF		原阳县	YY		扶沟县	FG
	新密市	XM		封丘县	FQ		太康县	TK
	新郑市	XZ	三门峡	——区	——Q		鹿邑县	LY
	航空港	HKG		灵宝市	LB		西华县	XH
安阳	——区	——Q		陕州区	SZQ		淮阳县	HY
	安阳县	AYX		渑池县	MC		郸城县	DC
	林州市	LZ		义马市	YM		商水县	SS
	汤阴县	TY		卢氏县	LS		项城市	XC
	内黄县	NH	开封	——区	——Q		沈丘县	SQ
	滑县	HX		祥符区	XFQ		黄泛区	HFQ
鹤壁	——区	——Q		兰考县	LK	平顶山	——区	——Q
	浚县	XX		杞县	QX		汝州市	RZ
	淇县	QX		通许县	TX		郏县	JX
濮阳	——区	——Q		尉氏县	WS		宝丰县	BF
	南乐县	NL	漯河	——区	——Q		鲁山县	LS
	清丰县	QF		舞阳县	WY		叶县	YX
	范县	FX		临颍县	LY		舞钢市	WG
	台前县	TQ	商丘	——区	——Q	驻马店	——区	——Q
	濮阳县	PYX		民权县	MQ		西平县	XP
焦作	——区	——Q		睢县	SX		上蔡县	SC
	沁阳市	BY		宁陵县	NL		遂平县	SP
	博爱县	BA		虞城县	YC		汝南县	RN
	修武县	XW		夏邑县	XY		平舆县	PY
	孟州市	MZ		柘城县	ZC		泌阳县	BY
	温县	WX		永城市	YH		确山县	QS
	武陟县	WZ	南阳	——区	——Q		新蔡县	XC
洛阳	——区	——Q		南召县	NZ		正阳县	ZY
	孟津县	MJ		西峡县	XX	信阳	——区	——Q
	偃师市	YS		方城县	FC		淮滨县	HB
	新安县	XA		淅川线	XC		息县	XX
	宜阳县	YY		内乡县	NX		罗山县	LS
	洛宁县	LN		镇平县	ZP		潢川县	HC
	伊川县	YC		社旗县	SQ		固始县	GS
	嵩县	SX		邓州市	DZ		光山县	GS
	汝阳县	RY		唐河县	TH		商城县	SC
	栾川县	LC		新野县	XY		新县	XI
				桐柏县	TB	济源	××区	JY

②代表性特征编码使用代表性地名中文拼音的2~3位大写英文缩写字母。

例如,河南省郑州市二七区火车站网格,网格编码为 HA—ZZ—EQQ—HCZ。

③供电单元命名编码形式为网格编码—供电单元序号—目标网架接线代码(供电区域类别)+区域发展属性代码。

例如,河南省郑州市二七区火车站网格002单元(目标网架单环网、A类建成区),HA—ZZ—EQQ—HCZ—002—D1(A1)。

供电单元编码释义如图2-4所示。

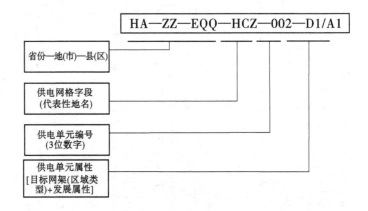

图2-4 供电单元编号释义

2.8 操作流程和编制说明

2.8.1 操作流程

网格划分的具体操作流程可参照图2-5。

2.8.2 编制说明

(1)供电网格不应跨越供电区域(A+~D)。供电网格的区域类型根据供电网格的负荷密度确定(所属供电单元负荷之和除以所属供电单元供电面积之和)。

(2)供电网格不宜跨越220 kV供电区域。供电区域指解环运行的220

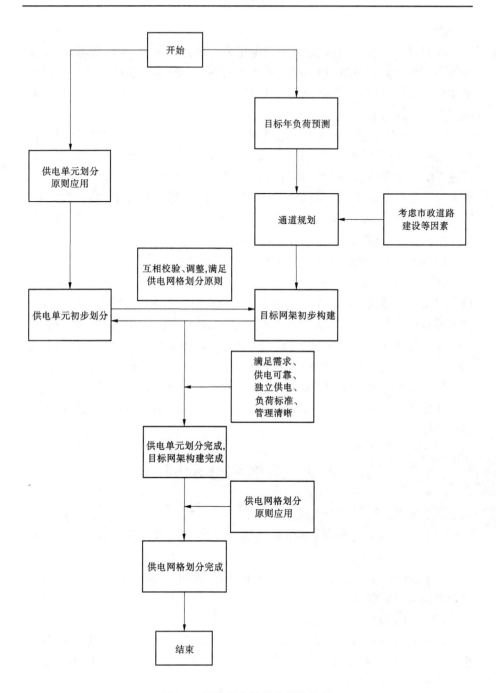

图 2-5 网格划分的具体操作流程

kV 电网。

（3）供电网格内不宜超过 8 个供电单元。按饱和年 2～4 座变电站、主变负载率 67% 考虑,供电网格中高压变电站可以供 500 MW 负荷。按每个供电单元饱和负荷 60 MW 考虑,建议供电网格内一般不宜超过 8 个供电单元,不应少于 2 个供电单元。

（4）供电单元饱和负荷不宜超过 60 MW,不低于 15 MW。按供电单元饱和年 1～3 组三分段两联络接线考虑,共 3～12 回线路。供电单元最大饱和负荷按 3 组三分段两联络考虑,所带负荷为 (7～8) MW×67%×12 回≈60 MW；按 1 组三分段单联络和 1 条单辐射考虑,所带负荷为 (7～8) MW×50%×2 回 + (7～8) MW×80%×1 回≈15 MW；按 1 组三分段两联络考虑,所带负荷为 (7～8) MW×67%×(2～3) 回≈15 MW。

（5）供电单元远期一般应具备 2～4 个主供电源。

（6）市区(城镇)供电单元的供电面积应大小适宜。根据供电单元饱和负荷上限及供电半径核算。按供电单元饱和负荷不超过 60 MW 测算,A+、A、B 类区域所在供电单元供电面积分别不宜超过 2 km^2、4 km^2、10 km^2。按不超过导则规定的供电半径测算,A+、A、B 类区域所在供电单元供电面积不宜超过 9 km^2,C 类所在供电单元供电面积不宜超过 25 km^2。综合考虑,建议河南省 A+ 类区域供电单元面积不超过 2 km^2,A 类区域所在供电单元不宜超过 5 km^2,B 类区域所在供电单元不超过 10 km^2,C 类区域所在供电单元面积不宜超过 20 km^2。

2.9　网格划分示例

供电网格(单元)划分关键点:

（1）供电网格划分应在供电区域划分且供电类型已经明确的基础上进行。

（2）远期一般应包含 2～4 座具有 10 kV 出线的上级公用变电站,变电站供电范围应相对独立。

（3）供电网格内一般不宜超过 8 个供电单元。

（4）乡镇地区一般按照一乡镇一单元原则划分供电单元。饱和负荷偏小、难以形成目标网架的乡镇,可将多个乡镇划为一个供电单元,但供电单元内最多不宜超过 3 个乡镇。

（5）饱和年各供电单元应实现独立供电。

2.9.1 市区

以河南省某地市的城市核心区为例,根据其饱和负荷预测结果、行政区划、电网现状等情况,对其进行供电网格划分。至远景年,该区域供电区域类型包含 B 类供电区和 C 类供电区,示例城市核心区现状电网接线情况如图 2-6 所示。

图 2-6　示例城市核心区现状电网接线情况

示例城市核心区负荷预测情况如表 2-5 所示。

表 2-5　示例城市核心区负荷预测情况

区域名称	面积（km²）	饱和年负荷密度（MW/km²）	各年份总负荷(MW)			
			2017 年总负荷	2020 年总负荷	2025 年总负荷	饱和年总负荷
示例城市核心区	70.49	7.76	220.8	305.3	442.6	546.9

根据供电单元划分原则,共可以把示例城市核心区划分为 19 个供电单元。

划分后的供电单元概况如表 2-6 所示。

表 2-6　示例城市核心区供电单元概况

供电单元名称	面积（km²）	饱和年负荷密度	各年份总负荷(MW)			
			2017年总负荷	2020年总负荷	2025年总负荷	饱和年总负荷
001 单元	3.18	8.79	13.69	18.94	27.49	27.94
002 单元	1.01	12.48	4.99	6.87	10.04	12.6
003 单元	1.48	18.80	11.10	15.32	22.19	27.83
004 单元	1.63	21.54	14.00	19.28	27.80	35.11
005 单元	1.69	21.33	14.21	19.73	28.54	36.04
006 单元	6.7	7.6	20.1	27.8	40.3	50
007 单元	3.7	7	10.3	14.2	20.6	25.9
008 单元	7.7	2.7	8.2	11.4	16.5	20.8
009 单元	7.8	2.7	8.3	11.5	16.7	21
010 单元	9.5	2.7	10.2	14	20.3	25.6
011 单元	4	11.8	18.7	25.9	37.5	47.3
012 单元	4.6	11.8	21.5	29.7	43.2	50
013 单元	2	13.8	10.9	15.1	21.9	27.5
014 单元	1.8	13.8	9.8	13.6	19.7	24.8
015 单元	1.7	13.8	9.3	12.8	18.6	23.4
016 单元	3	15	17.8	24.6	35.7	45
017 单元	2	15	11.9	16.4	23.8	30
018 单元	1.8	15	10.7	14.8	21.4	27
019 单元	5.2	9.6	19.7	27.3	39.5	49.8

根据供电网格划分原则，考虑地理位置、电网供电范围等因素，将 19 个供电单元合并为 6 个供电网格，分别是科技园网格、学府网格、隋唐网格、开元北网格、开元南网格和关林网格。供电网格划分情况如图 2-7、表 2-7 所示。

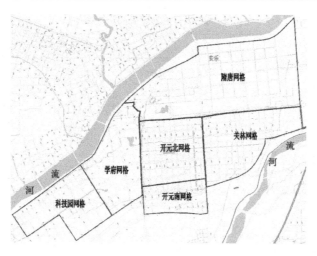

图 2-7 供电网格划分示意

表 2-7 示例城市核心区供电网格概况

供电网格名称	包含供电单元	供电单元个数	面积(km^2)	饱和年负荷密度(MW)	供电区域类型	各年份总负荷(MW)			
						2017年总负荷	2020年总负荷	2025年总负荷	饱和年总负荷
科技园网格	001~005单元	5	9	13.95	B	55.9	77.21	112.03	125.57
学府网格	006~007单元	2	10.4	7.38	B	30.39	41.97	60.9	76.72
隋唐网格	008~010单元	3	25	2.7	C	26.7	36.88	53.52	67.42
开元北网格	011~012单元	2	8.6	11.82	B	40.25	55.59	80.67	101.63
开元南网格	013~015单元	3	5.5	13.77	B	29.99	41.42	60.11	75.72
关林网格	016~019单元	4	12	12.65	B	60.1	83.01	120.45	151.74

2.9.2 乡镇

根据某县负荷预测结果、行政区划、电网现状等情况,对该县乡镇地区进行供电网格划分。该县乡镇地区共13个乡镇,在规划年及饱和年均为D类供电区。某县乡镇地区负荷预测结果如表2-8所示。

表 2-8　某县乡镇地区负荷预测情况

乡镇名称	面积 (km²)	饱和年负荷密度 (km²/MW)	各年份总负荷(MW)			
			2017年总负荷	2020年总负荷	2025年总负荷	饱和年总负荷
三义寨乡	98	0.22	5	7	13	22
东坝头乡	74	0.47	9	13	24	35
谷营镇	55.16	0.25	8	10	12	14
堌阳镇	66	0.50	12	19	27	33
红庙镇	63.8	0.31	11	15	17	20
仪封乡	89	0.16	9	10	11	14
闫楼乡	34	0.47	6	9	12	16
孟寨乡	38	0.42	8	12	14	16
葡萄架乡	50	0.28	5	7	9	14
小宋乡	73	0.23	10	13	15	17
南彰镇	94	0.44	11	15	20	41
考城镇	76	0.47	14	17	22	36
许河乡	43.3	0.35	6	9	12	15

考虑到部分乡镇饱和负荷偏小，为了提高配电网资源利用效率，结合电网现状，将部分乡镇合并为一个供电单元：将红庙镇、仪封乡、闫楼乡合并为红庙－仪封－闫楼供电单元，将孟寨乡、葡萄架乡、小宋乡合并为孟寨－葡萄架－小宋供电单元，将考城镇、许河乡合并为考城－许河供电单元，其余部分按照一乡镇一单元原则划分供电单元。13个乡镇共划分为8个供电单元，划分后的供电单元概况如表2-9所示，供电单元划分示意如图2-8所示。

根据供电网格划分原则，考虑地理位置、电网供电范围等因素，将8个供电单元合并为四个供电网格，分别是西部乡镇网格（包含三义寨单元、东坝头单元，共2个供电单元）、北部乡镇网格（包含谷营单元、堌阳单元，共2个单元）、中部乡镇网格（包含红庙－仪封－闫楼单元、孟寨－葡萄架－小宋单元，共2个单元）、东部乡镇单元（包含南彰镇单元、考城－许河单元，共2个单元）。供电网格划分情况如表2-10所示，供电网格划分示意如图2-9所示。

表2-9 乡镇地区供电单元概况

供电单元名称	面积（km²）	饱和年负荷密度（MW/km²）	各年份总负荷（MW）			
			2017年总负荷	2020年总负荷	2025年总负荷	饱和年总负荷
001单元（三义寨单元）	98	0.22	5	7	13	22
002单元（东坝头单元）	74	0.47	9	13	24	35
003单元（谷营单元）	55.16	0.25	8	10	12	14
004单元（堌阳单元）	66	0.50	12	19	27	33
005单元（红庙－仪封－闫楼单元）	186.8	0.27	26	34	36	50
006单元（孟寨－葡萄架－小宋单元）	161	0.29	27	33	36	47
007单元（南彰镇单元）	94	0.44	11	25	25	41
008单元（考城－许河单元）	119	0.43	20	26	34	51

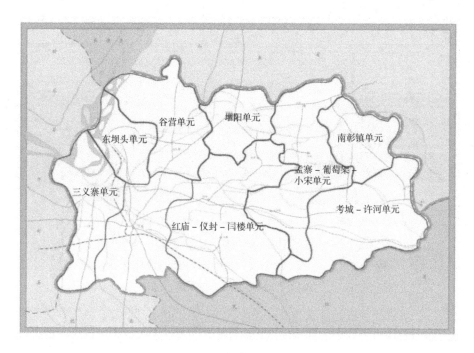

图2-8 供电单元划分示意

表 2-10　乡镇地区供电网格划分情况

供电网格名称	供电单元名称	面积(km^2)	饱和年负荷密度(MW/km^2)	各年份总负荷(MW)			
				2017年总负荷	2020年总负荷	2025年总负荷	饱和年总负荷
西部乡镇网格	001单元(三义寨单元)	98	0.22	5	7	13	22
	002单元(东坝头单元)	74	0.48	9	13	24	35
北部乡镇网格	003单元(谷营单元)	55.16	0.25	8	10	12	14
	004单元(堌阳单元)	66	0.50	12	19	27	33
中部乡镇网格	005单元(红庙－仪封－闫楼单元)	186.8	0.27	25	34	36	50
	006单元(孟寨－葡萄架－小宋单元)	161	0.29	27	33	36	47
东部乡镇网格	007单元(南彰镇单元)	94	0.44	11	25	25	41
	008单元(考城－许河单元)	119	0.43	20	26	34	51

图 2-9　供电网格划分示意

3 配电网现状评估

3.1 配电网现状评估常用指标

配电网现状评估常用指标可分为供电质量、供电能力、网架结构、装备水平、电网运行和经济性6个维度,供电可靠性、电压质量等14类,供电可靠率、综合电压合格率等30项详细指标,能够较全面地反映配电网规划成果的主要特征。常用指标如表3-1所示。

表3-1 配电网现状评估常用指标

序号	6个维度	14类	30项详细指标
1	供电质量	供电可靠性	供电可靠率(%)
2		电压质量	综合电压合格率(%)
3	供电能力	110(35)kV电网供电能力	110(35)kV电网容载比
4		10 kV电网供电能力	线路最大负载率平均值(%)
5			配变综合负载率(%)
6			户均配变容量(kV/户)
7	网架结构	110(35)kV电网结构	标准接线占比(%)
8			主变N−1通过率(%)
9			线路N−1通过率(%)
10			单线单变比例(%)

续表 3-1

序号	6个维度	14类	30项详细指标
11	网架结构	10 kV 电网结构	独立供电的单元占比(%)
12			标准接线占比(%)
13			线路联络率(%)
14			线路站间联络率(%)
15			线路 N-1 通过率(%)
16			线路供电半径超标比例(%)
17			架空线路分段数(段)
18			架空线路分支级数(级)
19	装备水平	110(35)kV 电网装备水平	10 kV 间隔利用率(%)
20		10 kV 电网装备水平	架空线路绝缘化率(%)
21			高损配变占比(%)
22	电网运行	110(35)kV 运行情况	重过载主变占比(%)
23			重过载线路占比(%)
24		10 kV 运行情况	重过载线路占比(%)
25			公用线路平均装接配变容量(MVA/条)
26	经济性	电能损耗	110 kV 及以下综合线损率(%)
27		投资效益	110 kV 及以下单位投资增供电量(kW·h/元)
28			110 kV 及以下单位投资增供负荷(kW/元)
29		收入效益	售电收入效益评价
30		社会效益	社会经济效益评价

3.2 指标内容及计算方法

3.2.1 供电质量指标

3.2.1.1 供电可靠率

指标释义:在统计期间,不计系统电源不足限电,用户有效供电时间小时数与统计期间小时数的比值,记作 RS-3。

计算方法:

$$RS-3(\%) = \left(1 - \frac{\text{用户平均停电时间} - \text{用户平均限电停电时间}}{\text{统计期间时间}}\right) \times 100\%$$

注:计算方法依据《供电系统用户供电可靠性评价规程》(DL/T 836—2012)。

3.2.1.2 综合电压合格率

指标释义:实际运行电压偏差在限值范围内的累计运行时间与对应总运行统计时间的百分比。

计算方法:综合电压合格率应按式(3-1)计算,监测点电压合格率应按式(3-2)计算。

$$V = 0.5 \times V_A + 0.5 \times \frac{V_B + V_C + V_D}{3} \quad (3\text{-}1)$$

$$V_i = \left(1 - \frac{t_{up} + t_{low}}{t}\right) \times 100\% \quad (3\text{-}2)$$

式中 V——综合电压合格率(%);

V_A——A 类监测点合格率(%);

V_B——B 类监测点合格率(%);

V_C——C 类监测点合格率(%);

V_D——D 类监测点合格率(%);

V_i——监测点电压合格率(%);

t_{up}——电压超上限时间,min(h);

t_{low}——电压超下限时间,min(h);

t——总运行统计时间,min(h)。

注:计算方法依据《电能质量供电电压允许偏差》(GB 12325—2008)。

3.2.2 供电能力指标

3.2.2.1 110(35)kV 电网容载比

指标释义:分电压等级计算,指某一供电区域、同一电压等级电网的公用变电设备总容量与对应的网供负荷的比值。容载比一般用于评估某一供电区域内 110(35)kV 公用电网的容量裕度,是配电网规划的宏观指标。

计算方法:

$$110(35)\text{kV 变电容载比} = \frac{\sum 110(35)\text{kV 公用变电设备总容量(MVA)}}{\sum \text{对应年最大负荷(MW)}}$$

3.2.2.2 10 kV 线路最大负载率平均值

指标释义:用于评估某一供电区域内 10 kV 线路的容量裕度。

计算方法:线路最大负载率平均值按区域内各条公用线路的最大负载率算术平均值计算。其中：

$$\text{线路最大负载率} = \frac{\text{最大负荷日的线路最大负荷}}{\text{线路主干持续传输容量}} \quad (3-3)$$

3.2.2.3　10 kV 配变综合负载率(%)

指标释义：10 kV 网供负荷与公用配变总容量比值的百分数，用于评估供电区域内 10 kV 配变的容量裕度。

计算方法：

$$\text{配变综合负载率}(\%) = \frac{10\text{ kV 网供负荷}}{\text{公用配变总容量}} \times 100\% \quad (3-4)$$

3.2.2.4　10 kV 户均配变容量(kVA/户)

指标释义：公用配变总容量与低压用户总户数的比值，一般用于评估某一供电区域内配变规模与户数规模的协调水平，不同发展程度的区域，其户均配变容量需求不同。

计算方法：

$$\text{户均配变容量}(\text{kVA}/\text{户}) = \frac{\text{公用配变总容量}(\text{kVA})}{\text{低压用户总户数}(\text{户})} \quad (3-5)$$

3.2.3　网架结构指标

3.2.3.1　110(35)kV 主变 N-1 通过率

指标释义：计算所有通过 N-1 校验的主变台数的比例，反映 110(35)kV 电网中的单台主变故障或计划停运，本级及下一级电网的转供能力。

计算方法：110(35)kV 主变 N-1 通过率(%)为满足 N-1 的 110(35)kV 主变台数(台)与 110(35)kV 主变总台数(台)比值的百分数。

注：N-1 停运下的停电范围及恢复供电的时间要求依据《城市电网供电安全标准》(DL/T 256—2012)和《配电网规划设计技术导则》(Q/GDW 1738—2012)。

3.2.3.2　110(35)kV 线路 N-1 通过率

指标释义：计算所有通过 N-1 的 110(35)kV 线路占本电压等级线路总条数的比例，反映 110(35)kV 电网结构的强度。

计算方法：110(35)kV 线路 N-1 通过率(%)为满足 N-1 的 110(35)kV 线路条数(条)与 110(35)kV 线路总条数(条)比值的百分数。

3.2.3.3　110(35)kV 电网单线单变比例

指标释义：单回进线或单主变运行的 110(35)kV 变电站座数，占 110(35)kV 变电站总座数的比例。

计算方法：

$$单线单变比例 = \frac{110(35)\text{kV 单线变电站座数} + 110(35)\text{kV 单变变电站座数}}{变电站总座数} \times 100\%$$

3.2.3.4　10 kV 标准接线占比

指标释义：C 类及以上供区，电缆标准接线为单环网和双环网，架空线路标准接线为三分段单联络、三分段两联络；D 类供区架空线路标准接线为三分段单联络、多分段辐射。本指标用于反映某一供电区的 10 kV 线路标准接线覆盖程度。

计算方法：分别统计各类供区的标准接线条数，除以该供区线路总条数，得该供区的标准接线占比；规划分区内各类供区的标准接线条数相加，除以规划分区线路总条数，得到规划分区的标准接线占比。

例如，某规划分区有 B、C、D 三类供区，表 3-2 计算该分区内各类供区的标准接线占比，表中带黄色填充的为非标准接线。

表 3-2　各类供区的标准接线占比

供电区域类型	线路总条数	电缆					架空					标准接线条数	标准接线占比百分数（%）
		单环网	双环网	单射	双射	其他	单联络	两联络	三联络	单辐射	复杂联络		
B	40	16	8	0	2	7	4	1	1	1	0	30	75.00
C	42	8	4	1	0	5	18	2	1	3	0	33	78.57
D	37	—	—	—	—	—	22	4	1	9	1	36	97.30
合计	119	24	12	1	2	12	44	7	3	13	1	99	83.19

注：表中圈中部分为灰色填充。

经计算，该区域 B 类供区标准接线占比为 75%，C 类供区标准接线占比为 78.57%，D 类供区标准接线占比为 97.30%，区域标准接线占比为 83.19%。

3.2.3.5　10 kV 线路联络率

指标释义：实现联络的 10 kV 线路条数占 10 kV 线路总条数的比例，反映 10 kV 电网的转供能力。

计算方法：10 kV 线路联络率（%）为存在联络的 10 kV 线路条数（条）与 10 kV 线路总条数（条）比值的百分数。

3.2.3.6　10 kV 线路站间联络率（%）

指标释义：存在站间联络的 10 kV 线路条数占 10 kV 线路总条数的比例，

反映 10 kV 电网的站间转供能力。

计算方法:10 kV 线路站间联络率(%)为存在站间联络的 10 kV 线路条数(条)与 10 kV 线路总条数(条)比值的百分数。

3.2.3.7　10 kV 线路供电半径超标比例(%)

指标释义:统计线路供电半径超标条数(A+、A、B 类超过 3 km,C 类超过 5 km,D 类超过 15 km)占 10 kV 线路总条数的比例。

计算方法:10 kV 供电半径超标条数(条)与 10 kV 线路总条数(条)比值的百分数。

3.2.3.8　10 kV 架空线路分段数

指标释义:所有 10 kV 架空线路分段数的平均值。

计算方法:架空配电线路总的分段数除以架空配电线路总条数。

3.2.3.9　10 kV 架空配电线路分支级数

指标释义:10 kV 架空配电线路分支级数不宜超过 2 级,本指标是对所有分支线的分支级数取平均值,反映架空线路分支级数总体情况。

计算方法:将各分支线路的所属级数求平均值。

3.2.4　装备水平指标

3.2.4.1　110(35) kV 变电站 10 kV 间隔利用率(%)

指标释义:用于反映 110(35)kV 出线间隔资源情况。

计算方法:所有 110(35) kV 变电站的 10 kV 已用间隔占 110(35) kV 变电站 10 kV 间隔总数的百分数,反映变电站新出线路的能力。

3.2.4.2　10 kV 架空线路绝缘化率(%)

指标释义:10 kV 线路架空绝缘线路长度占 10 kV 线路架空线路总长度的比例,反映 10 kV 线路的整体绝缘化水平。

计算方法:10 kV 架空线路绝缘化率(%)为所有 10 kV 线路架空绝缘线路长度之和(km)与所有 10 kV 线路架空线路总长度(km)比值的百分数。

3.2.4.3　高损配变占比(%)

指标释义:高损配变台数占配变总台数的比例,高损配变指 S7 及以下系列配变。

计算方法:高损配变占比(%)为高损配变台数(台)与配变总台数(台)比值的百分数。

3.2.5 电网运行指标

3.2.5.1 重过载主变占比(%)

指标释义:重过载主变台数占主变总台数的比例。重载是指正常运行方式下最大负载率超过80%的设备,过载是指正常运行方式下最大负载率超过100%的设备。

计算方法:重过载主变占比(%)为重过载主变台数(台)与主变总台数(台)比值的百分数。

3.2.5.2 重过载线路占比(%)

指标释义:重过载线路条数占线路总条数的比例。重载是指正常运行方式下最大负载率超过80%的设备,过载指正常运行方式下最大负载率超过100%的设备。

计算方法:重过载线路占比(%)为重过载线路条数与线路总条数比值的百分数。

3.2.5.3 公用线路平均装接配变容量(MVA/条)

指标释义:反映10 kV公用线路挂接配变容量的整体水平。

计算方法:公用线路装接配变总容量除以公用线路总条数。

3.2.6 经济性指标

3.2.6.1 110 kV及以下综合线损率(%)

指标释义:110 kV及以下配电网供电量与售电量之差占110 kV及以下配电网供电量的比例。

计算方法:110 kV及以下综合线损率(%)为110 kV及以下配电网供电量与售电量之差(kW·h)与110 kV及以下配电网供电量(kW·h)比值的百分数。

注:计算方法依据《电力网电能损耗计算导则》(DL/T 686—1999)。

3.2.6.2 110 kV及以下单位投资增供电量(kW·h/元)

指标释义:每增加单位投资可增加的供电量。

计算方法:110 kV及以下配电网总投资除增供电量,公式如下:

$$单位投资增供电量 = \frac{增供电量}{配电网总投资} \tag{3-6}$$

注:增供电量指本地区110 kV变电站规划年电量-现状年电量。

3.2.6.3 110 kV及以下单位投资增供负荷(kW/元)

指标释义:每增加单位投资可提升的负荷。

计算方法:110 kV 及以下配电网总投资除增供负荷,公式如下:

$$单位投资增供负荷 = \frac{增供负荷}{配电网总投资} \quad (3-7)$$

注:增供负荷指本地区 110 kV 变电站规划年负荷 - 现状年负荷。

3.2.6.4 售电收入效益评价

指标释义:供电可靠性提升后售电收入提升所产生的直接效益。

计算公式:

$$售电收入效益 = (规划年售电量 - 现状年售电量) \times 供电可靠性提升百分比 \times 输配电价$$

3.2.6.5 社会经济效益评价

指标释义:供电可靠性提升后社会经济损失减少所产生的间接效益,一般根据单位电量对应的 GDP 产值来测算,该值可根据当地电量与经济数据确定。

计算公式:

$$社会经济效益 = (规划年 GDP 产值 - 现状年 GDP 产值) \times 供电可靠性提升百分比$$

3.3 诊断问题分级

分电压等级从供电质量、供电能力、网架结构、电网运行、装备水平和经济效益等方面对配电网进行汇总分析,找出现状配电网存在较多的共性问题,并分析其形成原因。按照重要程度,可将问题划分等级列于表 3-3 中。

表 3-3 市辖区(县)配电网现状问题分级

序号	问题等级	指标	描述
1	一级问题	110(35) kV 电网供电能力	110(35) kV 电网容载比低于 1.8
2		110(35) kV 电网结构	单线单变
3		10 kV 线路站间联络情况	以变电站座数为单位统计,按照技术原则对各类供区规定的每座变电站 10 kV 站间联络条数来判定站间转供能力是否不足(在站间联络明细表中体现该问题)
4		10 kV 线路 N-1 通过率	以线路条数为单位统计
5		10 kV 线路过载	以线路条数为单位统计,过载线路指 10 kV 线路负载率 > 100%

续表 3-3

序号	问题等级	指标	描述
6	二级问题	110(35) kV 电网标准接线占比	以线路条数为单位统计
7		重过载变电站	以变电站座数为单位统计,重过载变电站指变电站负载率>80%
8		10 kV 供电半径超标	以线路条数为单位统计,A+、A、B 类供电区 3 km,C 类供电区 5 km,D 类供电区 15 km
9		10 kV 线路截面偏小,卡脖子	截面偏小[架空网主干线截面小于 185 mm²、分支线小于 120 mm²;电缆网主干线截面小于 300 mm²(铜),分支线小于 300 mm²(铜)、400 mm²(铝)]且最大负载率超过 80%
10		10 kV 线路联络过多	以线路条数为单位统计,联络数>3 个
11		10 kV 非典型接线	以线路条数为单位统计
12	三级问题	10 kV 分支线级数过多	以线路条数为单位统计,电缆网主干线串接开闭所不超过 2 级;串接环网柜不超过 1 级,架空网不超过 2 级
13		10 kV 分段数过多或过少	以线路条数为单位统计,少于 3 段、多于 5 段
14		10 kV 线路轻载	以线路条数为单位统计,轻载线路指 10 kV 线路负载率<20%

针对每个供电网格,可对现状问题定级并汇总。在进行网格化规划时,应对存在的问题的解决情况,尤其是一级问题的解决情况进行重点分析。

4 网格化规划电力需求预测

配电网电力需求预测应分期进行,与配电网规划设计的年限保持一致。近期规划宜列出逐年预测结果,为逐年输变电项目安排提供依据;中期规划可列出规划水平年预测结果,为阶段性规划方案提供依据;远期规划宜侧重饱和负荷预测,为高压变电站站址和高、中压线路廊道等电力设施布局规划提供参考,并为目标网架规划提供依据。

电力需求预测应包含电量需求预测、负荷需求预测。

电量需求预测主要预测规划区各规划年的电量需求。

负荷需求预测应预测各供电单元、各供电网格以及规划区各规划年的负荷需求。

4.1 电量预测

在网格化规划中,不需对每个供电网格、供电单元进行电量预测,仅需对规划区进行电量总量预测,可采用以下多种方法进行预测。

4.1.1 电力弹性系数法

4.1.1.1 电力弹性系数的定义

电力弹性系数是指一定时期内用电量年均增长率与国民生产总值年均增长率的比值,是反映一定时期内电力发展与国民经济发展适应程度的宏观指标。可按下式计算:

$$\eta_t = \frac{W_t}{V_t} \tag{4-1}$$

式中　η_t——电力弹性系数;

　　　W_t——一定时期内用电量的年均增长速度;

　　　V_t——一定时期内国民生产总值的年均增长速度。

电力需求预测方法列举如图 4-1 所示。

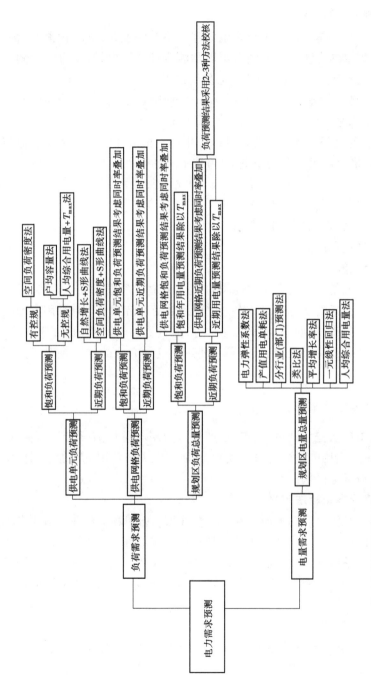

图 4-1 电力需求预测方法列举

注：T_{max} 为最大负荷利用小时数。

4.1.1.2 预测方法及步骤

电力弹性系数法是根据历史阶段电力弹性系数的变化规律,预测今后一段时期的电力需求的方法。该方法既可以预测全社会用电量,也可以预测分产业的用电量(分产业弹性系数法)。主要步骤如下:

(1)以历史数据为基础,使用某种方法(平均增长率法、一元线性回归法等)预测或确定未来一段时期的电力弹性系数 η_t。

(2)根据政府部门未来一段时期的国民生产总值的年均增长率预测值与电力弹性系数,推算出第 n 年的用电量,可按下式计算:

$$W_n = W_0 \times (1 + V_t \eta_t)^n \quad (4-2)$$

式中　W_0——计算期初期的用电量,kW·h;

W_n——计算期末期的用电量,kW·h;

其余符号意义同前。

4.1.1.3 适用范围

电力弹性系数是一个具有宏观性质的指标,描述一个总的变化趋势,不能反映用电量构成要素的变化情况。电力弹性系数受经济调整等外部因素影响大,短期可能出现较大波动,而长期规律性好,适合做较长周期(比如 3~5 年或更长周期)对预测结果的校核或预测时使用。这种方法的优点是对于数据需求相对较少。

4.1.2　产值用电单耗法

产值用电单耗法先分别对一、二、三产业进行用电量预测,得到三大产业用电量,对居民生活用电量进行单独预测,然后用三大产业用电量加上居民生活用电量计算得到地区用电量。

4.1.2.1　产值用电单耗法定义

每单位国民经济生产总值所消耗的电量称为产值单耗。产业产值用电单耗法是通过对国民经济三大产业单位产值耗电量进行统计分析,根据经济发展及产业结构调整情况,确定规划期分产业的单位产值耗电量,然后根据国民经济和社会发展规划的指标,计算得到规划期的产业(部门)电量需求预测值。

4.1.2.2　预测步骤

(1)根据负荷预测区间内的社会经济发展规划和已有的规划水平年 GDP 及分产业结构比例预测结果,计算至规划水平年逐年的分产业增加值。

(2)根据分产业历史用电量和分产业的用电单耗,使用某种方法(专家经验、趋势外推或数学方法,如平均增长率法等)预测得到各年分产业的用电单耗。

(3)各年分产业增加值分别乘以相应年份的分产业用电单耗,分别得到各年份分产业的用电量,可按下式计算:

$$W = k \times G \tag{4-3}$$

式中 k——某年某产业产值的用电单耗,kW·h/万元;

G——预测水平相应年的 GDP 增加值,万元;

W——预测年的需电量指标,kW·h。

(4)分产业的预测电量相加,得到各年份的三大产业用电量,可按下式计算:

$$W_{行业} = W_{一产} + W_{二产} + W_{三产} \tag{4-4}$$

式中 $W_{行业}$——预测年的三大产业用电量,kW·h;

$W_{一产}$——预测年的第一产业用电量,kW·h;

$W_{二产}$——预测年的第二产业用电量,kW·h;

$W_{三产}$——预测年的第三产业用电量,kW·h。

(5)居民生活用电量预测。

对居民生活用电量进行单独预测,主要的预测方法有人均居民用电量指标法、平均增长率法、一元线性回归法等。以人均居民用电量指标法为例,对居民生活用电量预测过程说明如下:

①根据城市相关规划中的人口增长速度,先预测出规划期各年的总人口,再根据规划的城镇化率,计算出规划期各年的城镇人口和农村人口。

②根据城市相关规划的城镇和乡村现状及规划年人均可支配收入,分别预测出规划期各年的城镇、乡村人均可支配收入。

③根据居民人均可支配收入和居民人均用电量进行回归分析,分别得到规划期内各年的城镇、农村人均用电量。

④将规划期各年的人均用电量和人口相乘,分别得到规划期各年的城镇、乡村用电量。

⑤将城镇、乡村用电量相加,得到规划期内各年的居民用电量。

4.1.2.3 适用范围

产值用电单耗法方法简单,对短期负荷预测效果较好,但计算比较笼统,难以反映经济、政治、气候等条件的影响,一般适用于有单耗指标的产业负荷。

4.1.3 分行业(部门)预测法

4.1.3.1 分行业(部门)预测定义

用电量预测可按电力负荷所属行业预测。分行业(部门)预测法是先对各行业用电量分别进行预测,再进行叠加得到地区用电量的方法。电力负荷按照行业可以分为城乡居民生活用电和国民经济行业用电,国民经济行业用电又可分为7大类:

(1)农、林、牧、渔业,水利业:包括这些行业的生产用电及有关的服务业用电。

(2)工业:包括有重工业、轻工业和农副产品加工及乡村办的工业企业的生产用电。

(3)地质普查和勘探业:包括矿产、石油、海洋、水文地质调查业、水文、工程和环境地质调查业等的用电。

(4)建筑业:凡属于建筑业生产经营活动过程的用电(包括基本建设和更新改造),即包括各行各业与建筑业有关的用电。

(5)交通运输业、邮电通信业:交通运输业用电除包括铁路、公路、航空、水上运输用电外,还包括石油、天然气、煤炭等的管道运输业用电。邮电通信业用电包括邮政业、电信业的用电。

(6)商业、公共饮食业、宾馆、广告、物资供销和仓储业的用电。

(7)其他事业:包括房地产管理业、公用事业、居民服务和咨询服务业、卫生、体育和社会福利、教育、文化艺术等的用电。

4.1.3.2 分行业(部门)预测步骤

(1)用不同方法对不同行业用电量、居民生活用电量分别进行预测。

(2)各行业用电量及居民用电量累加得到地区用电量预测值,可按下式计算:

$$W = W_1 + W_2 + W_3 + W_4 + W_5 + W_6 + W_7 + W_{城乡居民} \quad (4\text{-}5)$$

式中 W——预测期的需电量指标,$kW \cdot h$;

$W_1 、 W_2 、 \cdots 、 W_7 、 W_{城乡居民}$——国民经济7大类行业用电量和城乡居民用电量,$kW \cdot h$。

4.1.3.3 适用范围

分行业(部门)预测法分类详细,能够对不同产业、行业分别预测,但不同产业、行业的预测依赖于其他预测方法,一般用于中、长期预测。

4.1.4 类比法

4.1.4.1 类比法定义

类比法即选择一个可比较对象(地区),把其经济发展及用电情况与待预测地区的电力消费做对比分析,从而估计待预测区的电量水平。

4.1.4.2 预测步骤

(1)收集对比对象历年经济发展资料(如 GDP、分产业结构比例、人均 GDP 等)及相应年份的人均用电量、用电单耗、城市建成区面积等基础信息。

(2)收集待预测区基准年、规划水平年的 GDP、人口、城市建成区面积、用电量等相关指标。

(3)确定待预测区规划水平年的人均 GDP 指标相当于对比对象的哪一年,及对比对象相应水平年的人均用电量、用电单耗指标。

(4)计算待预测区规划水平年的用电量、负荷密度。

4.1.4.3 适用范围

类比法计算简单,易于操作,但预测结果受人口因素影响显著,一般适用于短、中期电量需求预测。

4.1.5 平均增长率法

4.1.5.1 平均增长率法定义

平均增长率法是先利用电量时间序列数据求出平均增长率,再设定在以后各年,电量仍按这样一个平均增长率向前变化发展,从而得出时间序列以后各年的电量预测值。

4.1.5.2 预测步骤

(1)使用 t 年历史时间序列数据计算年均增长率 α_t:

$$\alpha_t = \left(\frac{y_t}{y_1}\right)^{\frac{1}{t-1}} - 1 \tag{4-6}$$

(2)根据历史规律测算以后各年的用电情况:

$$y_n = y_0 \times (1 + \alpha_t)^n \tag{4-7}$$

式中 y_0——预测基准值,kW·h;

α_t——第 t 年预测量的增长率;

y_n——计算期末期的预测量,kW·h;

n——预测年限。

4.1.5.3 适用范围

本方法理论清晰,计算简单,适用于平稳增长(减小)且预测期不长的序列预测。一般用于近期预测。

4.1.6 一元线性回归法

4.1.6.1 一元线性回归模型

如果两个变量呈现相关趋势,通过一元回归模型将这些分散的、具有相关关系的点之间拟合一条最优曲线,说明具体变动关系。

4.1.6.2 计算步骤

可借助 Excel 工具进行计算。

首先建立历史年用电量折线图,之后对该折线图添加趋势线,趋势线模型可选取线性模型、二次多项式模型、指数模型等。

建立模型时,要显示各模型的公式及 R^2 值,选取 R^2 值最大的曲线模型,认为今后电量随该曲线进行变化,即可得出电量预测值。

例如,某县历史年电量如表4-1所示。

表4-1 某县历史年电量1

年份(年)	2010	2011	2012	2013	2014	2015	2016	2017
全社会用电量(亿 kW·h)	1.58	1.90	1.98	2.20	2.58	2.71	3.00	3.55

建立历史年电量折线图,并分别添加线性模型、二次多项式模型、指数模型等多种回归模型趋势线,如图4-2所示。

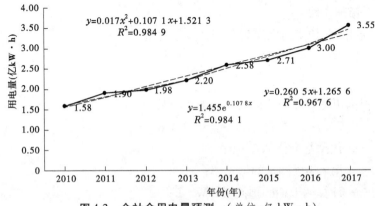

图4-2 全社会用电量预测 (单位:亿 kW·h)

由图 4-2 可知,二次多项式模型的 R^2 值最大,即二次多项式的拟合程度最高,因此采用二次多项式模型进行电量预测,如表 4-2 所示。

表 4-2 某县历史年电量 2

年份(年)	2018	2019	2020	2021	2025
全社会用电量(亿 kW·h)	3.86	4.29	4.76	5.25	7.59

4.1.6.3 适用范围

一元线性回归(线性增长趋势预测)法是对时间序列明显趋势部分的描述,因此对推测的未来"时间段"不能太长。对有非线性增长趋势的,不宜采用该模型。该方法既可以应用于电量预测,也可以应用于负荷预测,一般用于预测对象变化规律性较强的近期预测。

4.1.7 人均综合用电量法

4.1.7.1 人均综合用电量法定义

人均综合用电量法是根据地区常住人口和人均综合用电量来推算地区总的年用电量,可按下式计算:

$$W = PD \tag{4-8}$$

式中 W——用电量,kW·h;

P——人口,人;

D——年人均综合用电量,kW·h/人。

指标选取可参考《城市电力规划规范》(GB/T 50293—2014)。

规划人均综合用电量指标如表 4-3 所示。

表 4-3 规划人均综合用电量指标

城市用电水平分类	人均综合用电量[kW·h/(人·a)]	
	现状	规划
用电水平较高城市	4 501 ~ 6 000	8 000 ~ 10 000
用电水平中上城市	3 001 ~ 4 500	5 000 ~ 8 000
用电水平中等城市	1 501 ~ 3 000	3 000 ~ 5 000
用电水平较低城市	701 ~ 1 500	1 500 ~ 3 000

4.1.7.2 适用范围

人均综合用电量法用于人口相对固定的较大区域电力需求负荷预测,一般作为负荷预测结果的校核手段。人均综合用电量法一般与类比法相结合,适用于新建区域或缺少历史数据的区域做粗略预测;对于历史数据积累较好的区域预测,此方法更适合做远期预测时使用。

4.2 负荷预测

网格化规划负荷预测的主要目的是得到规划年分年度系统最大负荷及分压分区的负荷预测结果。从分压角度来说,要得到规划区各电压等级最大负荷,提出各供电分区、各供电网格的变电容量需求;从分区角度来说,要得到负荷的空间分布信息,以提出各地块、各供电单元的配变容量需求、馈线规模需求。

由于供电单元是网格化规划的最小单位,因此网格化规划负荷预测的立足点应为供电单元负荷预测,而供电网格的负荷预测由供电单元和所辖范围内专线用户的负荷汇总得到,规划区域的负荷预测由供电网格汇总得到。

为了确定供电网格(单元)各年度电力设备规模,要进行分年度负荷预测。通常对饱和负荷与近期负荷分别采用不同方法进行预测。各电压等级专线负荷可采用自然增长+S形曲线法进行预测。下面重点介绍供电网格(单元)各年度负荷预测。

4.2.1 饱和负荷预测

根据供电网格(单元)是否具备控规条件,饱和年负荷需采用不同方法进行预测。

(1)具备控规条件的供电网格(单元),主要采用依托市政规划的空间负荷密度法进行预测,一般用于城市、县城区、产业园区等供电网格(单元)的饱和负荷预测。

(2)不具备控规条件的供电网格(单元),一般可采用户均容量法、人均用电量结合T_{max}法等方法进行预测,一般用于农村区域供电网格(单元)的饱和负荷预测。

4.2.2 近期负荷预测

根据基础资料完整程度,近期负荷预测可采用多种方法进行预测。

(1)当供电网格(单元)具备历史用电负荷,且近期点负荷增长明确时,可采用自然增长+S形曲线法进行预测。

(2)对于有控规的空白供电网格(单元),一般可在饱和负荷预测的基础上,结合各地块的建设开发时序,采用S形曲线法进行近、中期负荷预测。

4.3 供电网格(单元)饱和负荷预测

4.3.1 有控规的供电网格(单元)饱和负荷预测

对于已完成城乡规划和土地利用规划的区域,由于其用地性质、规模和空间分布已明确,可采用空间负荷密度法进行供电单元饱和负荷预测。

4.3.1.1 定义及计算方法

负荷密度是指单位面积的用电负荷数(W/m^2或MW/km^2)。

为便于空间负荷预测及电网规划,要考虑网格划分与空间分区、配电层级三者的关系,三者关系如图4-3所示。

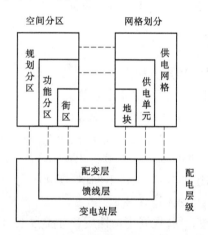

图4-3 网格划分、空间分区与配电层级之间的关系

空间负荷预测的流程自下而上分别为先通过地块面积和负荷密度指标计算地块的负荷规模,再通过同时率归集至所需各级空间分区的负荷规模。空间负荷预测流程如图4-4所示。

1. 地块的负荷预测(配变层)

地块负荷预测根据是否需要考虑容积率,分别采用以下公式计算:

$$\begin{cases} 需考虑容积率地块 & P_i = S_i \times R_i \times d_i \times W_i \quad ① \\ 不需考虑容积率地块 & P_i = S_i \times D_i \quad ② \end{cases} \quad (4-9)$$

居住用地、公共管理与公共服务用地、商业设施用地等进行地块负荷预测时需考虑容积率,采用式(4-9)中①进行计算。

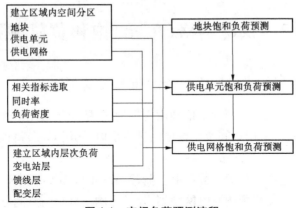

图 4-4 空间负荷预测流程

式中 P_i——第 i 个单一用地性质地块的负荷,W;

S_i——地块占地面积,m^2;

R_i——容积率;

d_i——典型功能用户负荷指标,W/m^2;

W_i——典型用地性质地块需用系数;

D_i——典型功能地块负荷密度,MW/km^2。

其他类型用地不需考虑容积率,采用式(4-9)中②进行计算。

由此可分别得出供电单元负荷预测、供电网格负荷预测、供电区域负荷预测公式,以下分别描述供电单元、供电网格、规划区(县)的负荷预测方法。

2. 供电单元负荷预测(馈线层)

已有详细控制性规划,规划用地性质和分类占地面积均已知,采用如下计算公式:

$$P_{DY} = t_1 \times \sum_{i=1}^{m} P_i \tag{4-10}$$

式中 P_{DY}——供电单元负荷;

t_1——供电单元内地块之间同时率;

m——供电单元内地块个数;

P_i——第 i 个地块的饱和负荷。

3. 供电网格负荷预测(变电站层)

供电网格负荷预测为供电单元负荷预测考虑同时率的累加,计算公式如下:

$$P_{WG} = t_2 \times \sum_{i=1}^{m} P_{DYi} \tag{4-11}$$

式中　P_{WG}——供电网格负荷；

t_2——供电网格内供电单元间同时率；

m——供电网格内供电单元的个数；

P_{DYi}——第 i 个供电单元的负荷预测值。

4. 规划区(县)负荷预测

规划区(县)的负荷预测为供电网格负荷预测累加，累加时一般不再考虑同时率，计算公式如下：

$$P_{GQ} = \sum_{i=1}^{m} P_{WGi} \tag{4-12}$$

式中　P_{GQ}——规划区负荷；

m——规划区内供电网格的个数；

P_{WGi}——第 i 个供电网格的负荷预测值。

4.3.1.2　同时率定义和选取

1. 同时率定义

在电力系统中，负荷的最大值之和总是大于和的最大值，这是由于整个电力系统的用户，每个用户不大可能同时在一个时刻达到用电量的最大值，反映这一不等关系的系数就被称为同时率。同时率就是电力系统综合最高负荷与电力系统各组成单位的绝对最高负荷之和的比率，公式如下：

$$同时率(\%) = \frac{电力系统综合最高负荷(kW)}{\sum 电力系统各组成单位的绝对最高负荷(kW)} \times 100\% \tag{4-13}$$

2. 同时率的选取

前文已经指出，在空间负荷预测中应考虑供电单元内地块之间同时率(t_1)、供电网格内供电单元间同时率(t_2)。

供电单元同时率：

$$t_1(\%) = \frac{供电单元最大负荷(MW)}{\sum 地块最大负荷(MW)} \times 100\% \tag{4-14}$$

供电单元同时率取值一般为 0.75～0.95。

供电网格同时率：

$$t_2(\%) = \frac{网格最大负荷(MW)}{\sum 供电单元(MW)} \times 100\% \tag{4-15}$$

供电网格同时率取值一般为 0.90～1。

4.3.1.3 空间负荷密度预测指标选取

1. 空间负荷密度指标体系

为做好对于空间负荷预测的准确性,参考国内不同配电网规划导则或规程以及国内若干城市的各类用地负荷密度指标(见表 4-4 ~ 表 4-6),将河南省经济社会发展情况和各地(市)公司不同地理环境、经济结构等因素综合,对本书中负荷密度推荐数值进行计算、校验和修正,制订河南省县(区)配电网规划空间负荷密度指标体系,详见表 4-7。

河南省县(区)配电网规划空间负荷指标体系中用地分类依据《城市用地分类与规划建设用地标准》(GB 50137—2011),负荷密度指标给出区间范围,原则上建议 A +、A 类区域选取较高值进行空间负荷预测;B、C 类区域选取中间值进行预测;D 类区域使用较低值进行预测。另外,各地(市)公司可以根据地区的实际情况进行负荷密度指标选取。

表 4-4 《配电网规划设计规程》(DL/T 5542—2018) 中负荷密度指标

	用地名称		负荷密度(W/m²)	需用系数(%)
R	居住用地	R1 一类居住用地	25	35
		R2 二类居住用地	15	25
		R3 三类居住用地	10	15
C	公共设施用地	C1 行政办公用地	50	65
		C2 商业金融用地	60	85
		C3 文化娱乐用地	40	55
		C4 体育用地	20	40
		C5 医疗卫生用地	40	50
		C6 教育科研用地	20	40
		C9 其他公共设施	25	45
M	工业用地	M1 一类工业用地	20	65
		M2 二类工业用地	30	45
		M3 三类工业用地	45	30
W	仓储用地	W1 普通仓储用地	5	10
		W2 危险品仓储用地	10	15
S	道路广场用地	S1 道路用地	2	2
		S2 广场用地	2	2
		S3 公共停车场	2	2
U	市政设施用地		30	40

续表4-4

用地名称			负荷密度(W/m²)	需用系数(%)
T	对外交通用地	T1 铁路用地	2	2
		T2 公路用地	2	2
		T23 长途客运站	2	2
G	绿地	G1 公共绿地	1	1
		G21 生产绿地	1	1
		G22 防护绿地	0	0
E	河流水域	—	0	0

表4-5 《城市电力规划规范》(GB/T 50293—2014)中负荷密度指标

	用地名称	单位建设用地负荷指标(WM/km²)
R	居住用地	10~40
A	公共管理与公共服务用地	30~80
B	商业设施用地	40~120
M	工业用地	20~80
W	仓储用地	2~4
S	交通设施用地	1.5~3
U	公用设施用地	15~25
G	绿地	1~3

表4-6 A省和B省负荷密度参考指标

	用地名称		A省指标(MW/km²)			B省指标(MW/km²)
			低方案	中方案	高方案	
R	R1	一类居住用地	25	30	35	10~40
	R2	二类居住用地	15	20	25	
	R3	三类居住用地	10	12	15	
A	A1	行政办公用地	35	45	55	30~80
	A2	文化设施用地	40	50	55	
	A3	教育用地	20	30	40	
	A4	体育用地	20	30	40	
	A5	医疗卫生用地	40	45	50	
	A6	社会福利设施用地	25	35	45	
	A7	文物古迹用地	25	35	45	
	A8	外事用地	25	35	45	
	A9	宗教设施用地	25	35	45	

续表 4-6

用地名称			A 省指标（MW/km²）			B 省指标（MW/km²）
			低方案	中方案	高方案	
B	B1	商业设施用地	50	70	85	40～120
	B2	商务设施用地	50	70	85	
	B3	娱乐康体用地	50	70	85	
	B4	公用设施营业网点用地	25	35	45	
	B9	其他服务设施用地	25	35	45	
M	M1	一类工业用地	45	55	70	20～80
	M2	二类工业用地	40	50	60	
	M3	三类工业用地	40	50	60	
W	W1	一类物流仓储用地	5	12	20	2～4
	W2	二类物流仓储用地	5	12	20	
	W3	三类物流仓储用地	10	15	20	
S	S1	城市道路用地	2	3	5	1.5～3
	S2	轨道交通线路用地	2	2	2	
	S3	综合交通枢纽用地	40	50	60	
	S4	交通场站用地	2	5	8	
	S9	其他交通设施用地	2	2	2	
U	U1	供应设施用地	30	35	40	15～25
	U2	环境设施用地	30	35	40	
	U3	安全设施用地	30	35	40	
	U9	其他公用设施用地	30	35	40	
G	G1	公共绿地	1	1	1	1～3
	G2	防护绿地	1	1	1	
	G3	广场用地	2	3	5	

4 网格化规划电力需求预测

表4-7 河南省负荷指标选取

用地名称			指标说明	负荷密度 (MW/km²)	负荷指标 (W/m²)	需用系数
R	居住用地	R1 一类居住用地	公用设施、交通设施和公共服务设施齐全，布局完整，环境良好的低层住区用地	—	25~35	0.3~0.6
		R2 二类居住用地	公用设施、交通设施和公共服务设施较齐全，布局较完整，环境良好的多、中、高层住区用地	—	15~25	0.3~0.6
		R3 三类居住用地	公用设施、交通设施不齐全，公共服务设施较久缺，环境较差，需要加以改造的简陋住区用地，包括危房、棚户区、临时住宅等用地	—	10~15	0.3~0.6
A	公共管理与公共服务用地	A1 行政办公用地	党政机关、社会团体、事业单位等机构及其相关设施用地	—	35~55	0.6~0.9
		A2 文化设施用地	图书、展览等公共文化活动设施用地	—	40~55	0.6~0.9
		A3 教育用地	高等院校、中等专业学校、中学、小学、科研事业单位等用地，包括为学校配建的独立地段的学生生活用地	—	20~40	0.6~0.9
		A4 体育用地	体育场和体育训练基地等用地，不包括学校专用的体育设施用地	—	20~40	0.6~0.9
		A5 医疗卫生用地	医疗、保健、卫生、防疫、康复和急救设施等用地	—	40~50	0.6~0.9
		A6 社会福利设施用地	为社会提供福利和慈善服务的设施用地，包括福利院、养老院、孤儿院等用地	—	25~45	0.6~0.9

续表 4-7

用地名称			指标说明	负荷密度 (MW/km²)	负荷指标 (W/m²)	需用系数
A	公共管理与公共服务用地	A7 文物古迹用地	具有历史、艺术、科学价值且没有其他使用功能的建筑物、构筑物、遗址、墓葬等用地	—	25~45	0.6~0.9
		A8 外事用地	外国驻华使馆、领事馆、国际机构及其生活设施等用地	—	25~45	0.6~0.9
		A9 宗教设施用地	宗教活动场所用地	—	25~45	0.6~0.9
B	商业服务业设施用地	B1 商业设施用地	各类商业经营活动及餐饮、旅馆等服务业用地	—	50~85	0.6~0.9
		B2 商务设施用地	金融、保险、证券、新闻出版、文艺团体等综合性办公用地	—	50~85	0.6~0.9
		B3 娱乐康体用地	各类娱乐、康体等设施用地	—	25~45	0.6~0.9
		B4 公用设施营业网点用地	零售加油、加气、电信、邮政等公用设施营业网点用地	—	25~45	0.6~0.9
		B9 其他服务设施用地	业余学校、民营培训机构、私人诊所、宠物医院等其他服务设施用地	—	—	—
M	工业用地	M1 一类工业用地	对居住和公共环境基本无干扰、污染和安全隐患的工业用地	30~80	—	—
		M2 二类工业用地	对居住和公共环境有一定干扰、污染和安全隐患的工业用地	20~70	—	—
		M3 三类工业用地	对居住和公共环境有严重干扰、污染和安全隐患的工业用地	20~70	—	—

续表 4-7

用地名称			指标说明	负荷密度 (MW/km²)	负荷指标 (W/m²)	需用系数
W 仓储用地	一类物流仓储用地	W1	对居住和公共环境基本无干扰、污染和安全隐患的物流仓储用地	5~20	—	—
	二类物流仓储用地	W2	对居住和公共环境有一定干扰、污染和安全隐患的物流仓储用地	5~20	—	—
	三类物流仓储用地	W3	存放易燃、易爆和剧毒等危险品的专用仓库用地	10~20	—	—
S 交通设施用地	城市道路用地	S1	快速路、主干路、次干路和支路用地,包括其交叉路口用地,不包括居住用地、工业用地等内部配建的道路用地	2~5	—	—
	轨道交通线路用地	S2	轨道交通地面以上部分的线路用地	1~2	—	—
	综合交通枢纽用地	S3	铁路客货运站、公路长途客货运站、港口客运码头、公交枢纽及其附属用地	40~60	—	—
	交通场站用地	S4	静态交通设施用地,不包括交通指挥中心、交通队用地	2~8	—	—
	其他交通设施用地	S9	除以上之外的交通设施用地,包括教练场等用地	1~2	—	—

续表 4-7

用地名称			指标说明	负荷密度(MW/km²)	负荷指标(W/m²)	需用系数
U 公用设施用地	U1	供应设施用地	供水、供电、供燃气和供热等设施用地	30~40	—	—
	U2	环境设施用地	雨水、污水、固体废物处理和环境保护等的公用设施及其附属设施用地	30~40	—	—
	U3	安全设施用地	消防、防洪等保卫城市安全的公用设施及其附属设施用地	30~40	—	—
	U9	其他公用设施用地	除以上之外的公用设施用地	30~40	—	—
G 绿地	G1	公共绿地	向公众开放，以游憩为主要功能，兼具生态、美化、防灾等作用的绿地	1	—	—
	G2	防护绿地	城市中具有卫生、隔离和安全防护功能的绿地，包括卫生隔离带、道路防护绿地、城市高压高廊走廊绿带等	1	—	—
	G3	广场用地	以硬质铺装为主的城市公共活动场地	2~5	—	—

2. 容积率

容积率是指一个小区的地上总建筑面积与用地面积的比率,又称建筑面积毛密度。在规划编制过程中,当对居住类用地、公共管理与公共服务用地、商业设施用地等用地进行空间负荷预测时,需考虑容积率。

现行城市规划法规体系下各类居住用地的控制性详细规划中关于容积率指标如表 4-8 所示。

表 4-8 各类居住用地的容积率指标

建筑类别	容积率
独立别墅	0.2~0.5
联排别墅	0.4~0.7
6 层以下多层住宅	0.8~1.2
11 层小高层住宅	1.5~2.0
18 层高层住宅	1.8~2.5
19 层及以上住宅	2.4~2.5

注:1. 住宅小区容积率小于 1 的,为非普通住宅;
2. 有控规时,以控规中的容积率为准,无控规时,可以参照此表。

4.3.2 无控规的供电网格(单元)饱和负荷预测

无控规的供电网格(单元)通常采用户均容量法、人均综合用电量 + T_{max} 法进行饱和负荷预测。

4.3.2.1 户均容量法

户均容量法属于综合单位指标法的范畴,它是一种"自下而上"的预测方法,用于无控规地区的饱和负荷预测。

根据配变类型划分,户均容量法应对居民生活用电负荷(公用配变负荷)和生产用电负荷(专用配变负荷)分别预测。

$$居民生活用电负荷 = 居民生活户均容量 \times 公用配变综合负载率 \tag{4-16}$$

$$生产用电负荷 = 生产用电户均容量 \times 专用配变综合负载率 \tag{4-17}$$

户均容量选取如表 4-9 所示。

表 4-9 户均容量选取表

分类		居民生活用电负荷预测		生产用电负荷预测	
		居民生活用电户均容量	公用配变综合负载率	生产用户均容量（根据产业特点进行选取）	专用配变综合负载率
非煤改电乡镇	中心镇	4~6 kVA/户	30%~40%	0~3 kVA/户	40%~50%
	一般镇	3~5 kVA/户	30%~40%		40%~50%
煤改电乡镇	中心镇	6~8 kVA/户	30%~40%		40%~50%
	一般镇	5~7 kVA/户	30%~40%		40%~50%

4.3.2.2 人均综合用电量 + T_{max} 法

由于用电量与 GDP 呈正相关，可以根据人均用电量来判断经济发展阶段。研究发现，发达国家在进入发达经济阶段后，人均用电量增速减缓，甚至出现负增长，呈现用电饱和的状态，可根据人均综合用电量，结合最大负荷利用小时数进行饱和年负荷预测。

1. 供电网格（单元）的饱和年用电量预测

人均综合用电量法是根据地区常住人口和人均综合用电量来推算地区总的年用电量，可按下式计算：

$$W = P \times D$$

式中　　W——用电量，kW·h；

　　　　P——人口，人；

　　　　D——年人均综合用电量，kW·h/人。

指标选取可参考《城市电力规划规范》（GB/T 50293—2014）。

规划人均综合用电量指标如表 4-10 所示。

通过分析研究发现，我国用电水平较高的城市多为以石油煤炭、化工、钢铁、原材料加工为主的重工业型、能源型城市。而用电水平较低的城市，多为人口多、经济不发达、能源资源贫乏的城市或为电能供应条件差的边远山区。但人口多、经济较发达的直辖市、省会城市及中心城市的人均综合用电量水平则处于全国的中等或中上等用电水平。

表 4-10 规划人均综合用电量指标

城市用电水平分类	人均综合用电量(kW·h/人)	
	现状	规划
用电水平较高城市	4 501 ~ 6 000	8 000 ~ 10 000
用电水平中上城市	3 001 ~ 4 500	5 000 ~ 8 000
用电水平中等城市	1 501 ~ 3 000	3 000 ~ 5 000
用电水平较低城市	701 ~ 1 500	1 500 ~ 3 000

表4-11为某市历年人均用电量,可以看出,从2008年开始,某市开始属于用电水平较高的城市分类。

表 4-11 某市历年人均用电量　　　　(单位:kW·h)

指标	2000 年	2001 年	2002 年	2003 年	2004 年	2005 年
人均全社会用电量	1 982	2 245	2 366	2 628	3 113	3 246
人均居民生活用电量	378	414	451	439	514	527
指标	2006 年	2007 年	2008 年	2009 年	2010 年	2011 年
人均全社会用电量	3 340	4 179	4 568	4 529	4 341	4 573
人均居民生活用电量	340	415	487	569	743	792
指标	2012 年	2013 年	2014 年	2015 年	2016 年	2017 年
人均全社会用电量	4 728	4 874	4 628	4 619	4 816	5 131
人均居民生活用电量	746	656	728	929	984	1 065

2. 供电网格(单元)的饱和年负荷预测

在已知未来年份电量预测值的情况下,可利用最大负荷利用小时数计算该年度的年最大负荷预测值,可按下式计算:

$$P_t = \frac{W_t}{T_{\max}} \tag{4-18}$$

式中　P_t——预测年份 t 的年最大负荷,kW;

　　　W_t——预测年份 t 的年电量,kW·h;

　　　$T_{\max}$——预测年份 t 的年最大负荷利用小时数,可根据历史数据采用外推方法或其他方法得到。

4.4 供电网格(单元)近期负荷预测

4.4.1 具备现状电网的供电网格(单元)近期负荷预测

具备现状电网的供电网格(单元)通常采用自然增长率+S形曲线法进行近期负荷预测。可采用以下步骤:

(1)确定最大负荷日。可通过调度自动化系统查询规划区域基准年负荷曲线,得出区域最大负荷,同时记录最大负荷出现的时刻。

(2)统计供电单元现状负荷。对供电单元内10 kV公用线路的典型日负荷求和,得到供电单元现状负荷。若10 kV线路有跨单元供电的现象,可用该条10 kV线路在本单元内的配变容量占该条线路配变总容量的比例乘以该线路的负荷,估算该条线路在本供电单元内的负荷。

(3)选取自然增长率,计算自然增长部分负荷。采用同样的方法,计算供电单元的历史年负荷,计算其历史年增长率,并结合经济形势变化,选取今后逐年的自然增长率,据此得到自然增长部分的负荷预测值,公式如下:

$$第 N 年供电单元 10\ \text{kV}\ 最高负荷 = 现状年供电单元 10\ \text{kV}\ 最高负荷 \times (1 + 自然增长率)^N \tag{4-19}$$

(4)收集负荷增长资料。积极主动、多渠道了解用户报装情况、意向用电情况及当地招商引资、土地开发等经济发展情况,以准确掌握近期负荷变化;分类别(工业、居住等)、分电压等级、分接入方式、分年份统计正式报装容量以及意向用电资料。

(5)采用S形曲线法进行逐个新增10 kV用户负荷预测。

S形曲线增长趋势如图4-5所示。

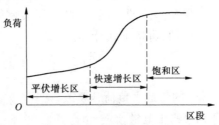

图4-5 S形曲线增长趋势

根据用户性质选取典型配变负载率,乘以用户报装容量,得到用户的饱和负荷,之后根据用户建成投产时间,采用S形曲线法预测中间年的负荷。

S 形曲线法数学模型如下：

$$Y = \frac{1}{1 + A \times e^{(1-t)}} \quad (4\text{-}20)$$

式中　Y——第 t 年的负荷成熟程度系数，即第 t 年最大负荷与稳定负荷的比值；

　　　A——S 形曲线增长系数，取值见表 4-12；

　　　t——距离现状年的年数。

表 4-12　S 形曲线负荷增长系数

年份	A 值					
	0.25	0.7	2	5	14	36
1	0.80	0.59	0.33	0.17	0.07	0.03
2	0.92	0.80	0.58	0.35	0.16	0.07
3	0.97	0.91	0.79	0.60	0.35	0.17
4	0.99	0.97	0.91	0.80	0.59	0.36
5	1.00	0.99	0.96	0.92	0.80	0.60
6	1.00	1.00	0.99	0.97	0.91	0.80
7	1.00	1.00	1.00	0.99	0.97	0.92
8	1.00	1.00	1.00	1.00	0.99	0.97
9	1.00	1.00	1.00	1.00	1.00	0.99
10	1.00	1.00	1.00	1.00	1.00	1.00
增长到80%的年限	1	2	3	4	5	6

S 形曲线负荷增长系数 A 值取值，一般工业取 0.25，竣工后第一年增长到远景负荷的 80%。商业取 0.7，竣工后第二年增长到远景负荷的 80%。区位好的住宅小区取 2，竣工第三年增长到远景负荷的 80%。区位差的住宅小区取 5，竣工后第四年达到远景负荷的 80%。

(6) 将自然增长负荷与新增用户负荷相加，得到供电单元总体负荷预测结果。

(7) 结合各供电单元总体负荷预测结果，考虑同时率后，计算得出供电网格负荷预测结果。

4.4.2 空白供电网格(单元)近期负荷预测

对于空白地区的供电单元的负荷预测,可采用空间负荷预测法预测出各个地块的饱和负荷(见4.3.1部分),结合地块的开发时序,采用S形曲线法预测中间年的负荷(见4.4.1部分)。

4.5 总量负荷预测

(1)可由供电单元负荷预测结果考虑一定同时率得到供电网格负荷预测,再由供电网格负荷预测结果考虑一定同时率得到总量负荷预测结果。

(2)可由用电量预测结果结合最大负荷利用小时数,进行总量负荷预测。

5 配电网规划技术原则

5.1 一般技术原则

5.1.1 供电区域划分

根据河南省经济社会发展实际,按照《配电网规划设计技术导则》(Q/GDW 1738—2012)中的配电网供区划分标准,依据规划水平年的负荷密度、行政级别,参考经济发达程度、用户重要程度、用电水平、GDP 等因素进行供电区域划分。具体划分标准如表 5-1 所示。

表 5-1　配电网供电区域具体划分标准

供电区域		A+	A	B	C	D
行政级别	省会城市	$\sigma \geqslant 30$	市中心区 或 $15 \leqslant \sigma < 30$	市区 或 $6 \leqslant \sigma < 15$	城镇 或 $1 \leqslant \sigma < 6$	农村 或 $0.1 \leqslant \sigma < 1$
	地级市	—	$\sigma \geqslant 15$	市中心区 或 $6 \leqslant \sigma < 15$	市区、城镇 或 $1 \leqslant \sigma < 6$	农村 或 $0.1 \leqslant \sigma < 1$
	县(县级市)	—	—	$\sigma \geqslant 6$	城镇 或 $1 \leqslant \sigma < 6$	农村 或 $0.1 \leqslant \sigma < 1$

注:1. σ 为供电区域的负荷密度(MW/km^2);
   2. 各类供电区域面积不宜过小,除 A+类区域外,供电区域面积一般不小于 5 km^2;
   3. 计算负荷密度时,应扣除 110(66)kV 专线负荷,以及高山、戈壁、荒漠、水域、森林等无效供电面积;
   4. A+、A 类区域一般对应中心城市(区),B、C 类区域一般对应城镇地区,D、E 类区域一般对应乡村地区;
   5. 供电区域划分标准可结合区域特点适当调整。

各类供电区规划理论计算供电可靠率(RS-3)及综合电压合格率控制目标见表 5-2。

表 5-2 规划理论计算供电可靠率(RS-3)及综合电压合格率控制目标

供电区域	供电可靠率(RS-3)	综合电压合格率
A+	用户年平均停电时间不长于 5 min(≥99.999%)	≥99.99%
A	用户年平均停电时间不长于 52 min(≥99.990%)	≥99.98%
B	用户年平均停电时间不长于 3 h(≥99.965%)	≥99.95%
C	用户年平均停电时间不长于 9 h(≥99.897%)	≥99.70%
D	用户年平均停电时间不长于 15 h(≥99.828%)	≥99.30%

供电区域划分关键点：

(1)划分配电网供电分区的重要依据是规划水平年的负荷密度及行政级别。

(2)行政级别决定供电区域类型的上限，即县域供电区域类型为 B、C、D 三类；除省会城市外的其他地级市供电区域类型为 A、B、C、D 四类。

(3)严格限制 A+ 及 A 类区域范围，A+ 类区域仅在省会城市的市中心区存在，A 类区域仅在河南省 18 市的市中心区存在。

(4)供电区域面积不宜过小。一般县域可按县城区、产业集聚区和乡镇地区划分为 2~3 个供电区域，市辖区根据行政区划、控制性详细规划、经济社会发展情况进行划分。

示例 某县供电面积 911.6 km^2，分为两个供电区域：县城区及乡镇地区。划分供电区域类型流程如下：

(1)根据负荷预测结果，分别计算出现状年、规划年及饱和年负荷。

(2)将该县分为县城区、乡镇地区两个区域，计算出对应年份的负荷密度如表 5-3 所示。

表 5-3 某县供电分区概况

编号	区域边界	供电面积(km^2)	负荷密度(MW/km^2)				现状年供电区域类型	饱和年供电区域类型
			2017 年	2020 年	2025 年	饱和年		
1	县城区	57.3	1.86	3.83	5.98	7.36	C	B
2	乡镇地区	854.3	0.13	0.20	0.26	0.33	D	D
3	合计	911.6	0.24	0.42	0.62	0.77	—	—

(3)根据负荷密度及行政级别，确定各区域的供电类型。

由表 5-3 结果可见,该县的县城区供电区域类型发生变化,由 2017 年的 C 类调整为 B 类;乡镇地区供电区域类型没有发生变化,现状年至饱和年均为 D 类。在进行规划时,县城区应按照 B 类标准进行规划,乡镇地区应按照 D 类标准进行规划。

5.1.2 电压等级

5.1.2.1 配电网标准电压等级

高压:110 kV、35 kV;

中压:10 kV;

低压:0.38 kV。

5.1.2.2 电压序列优化

合理简化电压等级:

(1)城网应逐步取消 35 kV 电压等级。

(2)农网县城区和产业聚集区限制并逐步取消 35 kV 电压等级;重要乡镇和农业区可采用 35 kV 供电。

5.1.3 容载比

容载比是配电网规划的重要宏观性指标,合理的容载比与网架结构相结合,可确保故障时负荷的有序转移,保障供电可靠性,满足负荷增长需求。

对于区域较大、负荷发展水平极度不平衡、负荷特性差异较大、分区最大负荷出现在不同季节的地区,可分区计算容载比。

根据经济增长和社会发展的不同阶段,对应的配电网负荷增长速度可分为较慢、中等、较快三种情况,相应电压等级"相应的容载比"如表 5-4 所示。

表 5-4 容载比选择范围

负荷增长情况	较慢增长	中等增长	较快增长
年负荷平均增长率 K_P	$K_P \leqslant 7\%$	$7\% < K_P \leqslant 12\%$	$K_P > 12\%$
110~35 kV 容载比(建议值)	1.8~2.0	1.9~2.1	2.0~2.2

对处于负荷发展初期以及负荷快速发展期的地区、重点开发区或负荷较为分散的偏远地区,可适当提高容载比的取值;对于网络发展完善(负荷发展已进入饱和期)或规划期内负荷明确的地区,在满足用电需求和可靠性要求的前提下,可以适当降低容载比的取值。

5.1.4 N-1通过率

规划水平年,配电网各电压等级 N-1 通过率宜达到表 5-5 所示值。

表 5-5 配电网主变及线路 N-1 通过率

供电分区	A+	A	B	C	D
主变					
110 kV	100%	100%	100%	80%	60%
35 kV	—	—	—	80%	60%
线路					
110 kV	100%	100%	100%	80%	60%
35 kV	—	—	—	80%	60%
10 kV	100%	100%	100%	80%	60%

对于过渡时期仅有单回线路或单台变压器的供电情况,允许线路或变压器故障时,损失部分负荷。

当 A+、A、B、C 类供电区域高压配电网本级不能满足 N-1 时,应通过加强中压线路站间联络提高转供能力,以满足高压配电网供电安全准则。

110 kV 及以下变电站供电范围宜相对独立。可根据负荷的重要性在相邻变电站或供电片区之间建立适当联络,保证在事故情况下具备相互支援的能力。

在 B、C 类供电区域的建设初期及过渡期,当高压配电网存在单线单变,中压配电网尚未建立相应联络,暂不具备故障负荷转移条件时,可适当放宽标准,但应根据负荷增长,通过建设与改造,逐步满足供电安全准则。

5.2 高压电网

5.2.1 电网结构

A+、A、B 类供电区 110 kV 电网宜采用双侧电源的双链 π 接,若上级电源点不足,可采用双环网结构;过渡时期可根据负荷情况采用双辐射接线。

C 类供电区域 110 kV 电网宜采用链式、环网结构,以 T 接或 π 接方式接入,也可采用双辐射结构。35 kV 电网宜采用环网结构,过渡时期可采用辐射接线。

D 类供电区域 110 kV 电网可采用双辐射结构,有条件的地区可采用环网结构。35 kV 电网可采用单环网结构,过渡时期可根据负荷情况采用单辐射接线,有条件的地区也可采用双辐射或环网结构。

双链式结构中所接变电站不宜超过 3 座,单环网、单链结构中所接变电站不宜超过 2 座。

110 kV 变电站主接线宜采用单母线或单母线分段接线。35 kV 变电站主接线以单母分段接线为主。

各供电区域 110~35 kV 电网结构和变电站主接线可参考表 5-6 选择。

表 5-6 各供电区域 110~35 kV 电网结构和变电站主接线

电压等级	供电区域	网架结构	变电站主接线
110 kV	A+、A 类	链式、双环网、双辐射（过渡期）	单母、单母分段
	B 类		
	C 类	链式、双环网、单环网、双辐射（过渡期）	
	D 类	单环网、双辐射	
35 kV	C、D 类	单环网、双辐射	单母分段

5.2.2 设备选型

5.2.2.1 110~35 kV 变电站

同一规划区域中,相同电压等级的主变压器单台容量规格不宜超过 2 种,同一变电站的主变压器宜统一规格。变电站内主变压器台数最终规模不宜超过 3 台。变压器宜采用有载调压方式,并列运行时,其参数应满足相关技术要求。各类供电区域变电站主变选择如表 5-7 所示。

变电站的布置应因地制宜、紧凑合理,尽可能节约用地。A+、A、B 类供电区域可采用户内或半户内变电站,根据情况可考虑采用紧凑型变电站,A+、A 类供电区域如有必要也可考虑与其他建设物混合建设,或建设半地下、地下变电站;B、C、D 类供电区域可采用半户内或户外变电站。

表 5-7 各类供电区域变电站主变选择

电压等级	供电区域类型	台数(台)	单台容量(MVA)	变电站建设形式
110 kV	A+、A 类	3	63、50	户内、半户内
	B 类	3	63、50	户内、半户内
	C 类	3	50、63	半户内、户外
	D 类	2~3	50	户外、半户内
35 kV	C 类	2~3	10、20	户外
	D 类	2	10、20	

5.2.2.2　110~35 kV 线路

110~35 kV 线路导线截面的选取应符合下述要求：

(1)线路导线截面宜综合饱和负荷状况、线路全寿命周期选定。

(2)线路导线截面应与电网结构、变压器容量和台数相匹配。

(3)线路导线截面一般按照经济电流密度选取，并根据机械强度以及事故情况下的发热条件进行校验。

各供电区域 110~35 kV 导线截面选择参考如表 5-8 所示。

表 5-8　各供电区域 110~35 kV 导线截面选择

供电区域	110 kV		35 kV 架空导线截面 (mm²)
	电缆导线截面 (mm²)	架空导线截面 (mm²)	
A+、A、B	1 200、1 000	2×240、400	240、185
C、D	1 000、1 200	2×240、400	240、185

5.3　中压电网

5.3.1　电网结构

中压电网结构应根据供电区域的可靠性、电压合格率要求，并综合考虑电网建设成本、电网建设与改造的可行性等因素进行选择。不同供电区域采用的电网结构如表 5-9 所示。

5 配电网规划技术原则

表 5-9 不同供电区域采用的电网结构

供电区域	适用模式	供电半径
A+	双环网、单环网、架空三分段两联络、架空三分段单联络	3 km
A	单环网、双环网、架空三分段两联络、架空三分段单联络	3 km
B	架空三分段两联络、架空三分段单联络、单环网、双环网	3 km
C	架空三分段两联络、架空三分段单联络、单环网	5 km
D	架空多分段辐射、架空多分段单联络	15 km

注：D 类供电区域中的煤改电区域供电半径不超过 10 km。

10 kV 配电网的电网结构有以下几种。

5.3.1.1 电缆双环网

电缆双环网接线由 2 座变电站不同 10 kV 母线分别出 2 回 10 kV 电缆线路，由开闭所、环网柜组成的电缆环网线路，如图 5-1 所示。

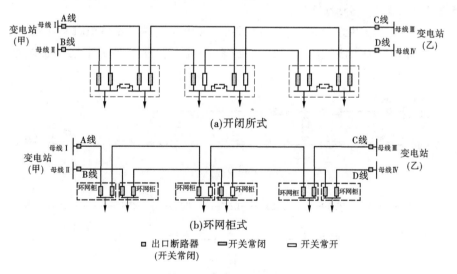

图 5-1 电缆双环网接线

5.3.1.2 电缆单环网

电缆单环网接线由 2 座变电站 10 kV 母线（或同一变电站不同母线）分别出 1 回 10 kV 电缆线路，由开闭所、环网柜组成的电缆环网线路，如图 5-2 所示。

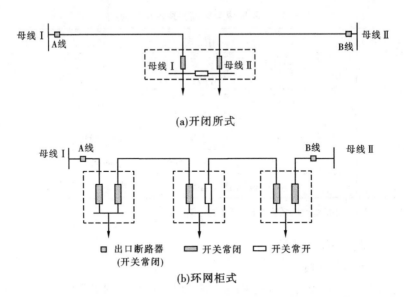

图 5-2 电缆单环网接线

5.3.1.3 架空三分段两联络

由不同变电站或者同一变电站不同母线出 3 条或者 4 条 10 kV 线路,每条线路分段数为 3 段,组成 3 回一组或者 4 回一组的三分段两联络接线,如图 5-3 所示。

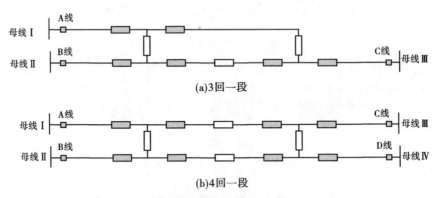

图 5-3 架空三分段两联络接线

5.3.1.4 架空三分段单联络

由不同变电站或者同一变电站不同母线出 2 条 10 kV 线路,每条线路分段数为 3 段,组成三分段单联络接线,如图 5-4 所示。

图 5-4　架空三分段单联络接线

5.3.1.5　架空多分段单联络

由不同变电站或者同一变电站不同母线出 2 条 10 kV 线路,架空线路的分段数一般为 3 段,根据用户数量或线路长度在分段内可适度增加分段开关,缩短故障停电范围,但分段数量不应超过 5 段,组成多分段单联络接线,如图 5-5 所示。

图 5-5　架空多分段单联络接线

5.3.1.6　架空多分段辐射

由变电站母线出 1 条 10 kV 线路,架空线路的分段数一般为 3 段,根据用户数量或线路长度在分段内可适度增加分段开关,缩短故障停电范围,但分段数量不应超过 5 段,如图 5-6 所示。

图 5-6　架空多分段单辐射接线

5.3.2　中压电网分支线

分支线一般采用辐射式结构,架空网分支线不宜超过两级,电缆网仅设置一级分支线,如图 5-7、图 5-8 所示。

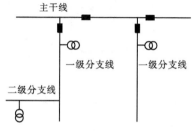

图 5-7　10 kV 架空网分支线接线示意

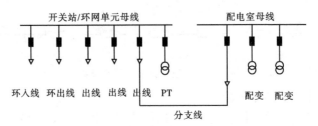

图 5-8　10 kV 电缆分支线接线示意

10 kV 架空线路重要分支线首端宜安装分支开关,下列情况应在第一级分支线与主干线 T 接处加装分支开关:

(1) B、C、D 类供电区域,当第一级分支线长度超过 5 km,配变数量大于 5 台,或分支线长度超过 10 km,配变数量大于 3 台。

(2) 线路故障率较高或跨越山丘、河流、池塘等抢修困难地形的第一级分支线。

5.3.3　供电能力

应在满足电网供电设备 N-1 条件下,综合考虑导线热稳定、线路压降等因素,确定电网结构的供电能力。

各典型接线模式的供电能力如表 5-10 所示。

表 5-10　各典型接线模式的供电能力

典型接线模式	导线型号	线路总供电能力(MW)	装接配变总容量上限(kVA)	主干线路数量(条)	允许最大载流量(A)	单条线路供电能力(MW)
辐射式	JKLYJ-185	6.12×1	15 302×1	1	465	6.12
	JKLYJ-240	7.28×1	18 198×1	1	553	7.28
三分段单联络	JKLYJ-185	3.83×2	9 564×2	2	465	3.83
	JKLYJ-240	4.55×2	11 375×2	2	553	4.55
三分段两联络	JKLYJ-185	5.13×4	12 825×4	4	465	5.13
	JKLYJ-240	6.10×4	15 250×4	4	553	6.10
单环网	YJV22-300	4.54×2	11 375×2	2	552	4.54
	YJV22-400	5.31×2	13 275×2	2	646	5.31

5.3.4　变电站 10 kV 侧转供能力

当电网元件或变电站发生停运时,电网应具备转移负荷能力。一般量化为可转移的负荷占该区域总负荷的比例。不同容量的主变故障方式下为满足负荷转移,需 10 kV 联络线路不同。

一般来讲,高压电网负荷转供无论是在负荷转供量上,还是在转供时间上均优于中压电网。主要原因是:

(1)高压电网自动化程度高;

(2)高压电网负荷转供量大,需要调整的运行方式少;

(3)中压电网自动化程度低、负荷转供量小、需要调整的运行方式多,存在二次故障的风险。

当高压配电网发生 N-1 故障时,要通过高压电网转供大部分负荷。同时为提高高压配电网的利用率和经济性,避免全备供、少部分负荷可通过中压网转供。根据《城市电网供电安全标准》(DL/T 256—2012)三级供电安全标准要求,考虑 $\frac{2}{3}$ 的负荷通过高压网转供,$\frac{1}{3}$ 的负荷通过中压网转供情形下,站间 10 kV 联络线条数选择见表 5-11。

表 5-11 站间 10 kV 联络线条数选择

电压等级	单台容量(MVA)	需转移负荷(MW)	10 kV 电网结构	10 kV 导线截面	需 10 kV 联络线条数
110 kV	63	21.0	双环网	300/400 mm² 铜芯电缆(以铜芯 400 mm² 为主)	6/5
			单环网	300/400 mm² 铜芯电缆	6/5
			架空三分段单联络	240/185 mm² 架空线(以 240 mm² 为主)	7/8
			架空三分段两联络	240/185 mm² 架空线	5/6
	50	16.7	双环网	300/400 mm² 铜芯电缆	5/4
			单环网	300/400 mm² 铜芯电缆	5/4
			架空三分段单联络	240/185 mm² 架空线	5/4
			架空三分段两联络	240/185 mm² 架空线	4/5

续表 5-11

电压等级	单台容量（MVA）	需转移负荷（MW）	10 kV 电网结构	10 kV 导线截面	需 10 kV 联络线条数
35 kV	20	、6.7	架空三分段单联络	185 mm² 架空线	2
			架空三分段两联络	185 mm² 架空线	2
			多分段单联络	185 mm² 架空线	2
	10	3.3	架空三分段单联络	185 mm² 架空线	1
			架空三分段两联络	185 mm² 架空线	1
			三分段单联络	185 mm² 架空线	1

注：110 kV 站间 10 kV 联络线条数推荐值适用于 A+、A、B、C 区域，D 可参照执行。

5.3.5 设备选型

5.3.5.1 10 kV 线路

10 kV 配电网应有较强的适应性，主干线截面宜综合饱和负荷状况、线路全寿命周期一次选定。导线截面选择应系列化，同一规划区的主干线导线截面不宜超过 2 种，主变容量与中压出线间隔及中压线路导线截面的配合一般可参考表 5-12 选择。

表 5-12 主变容量与中压出线间隔及中压线路导线截面的配合

110～35 kV 主变容量（MVA）	10 kV 馈线数（条）	10 kV 主干线截面（mm²）		10 kV 分支线截面（mm²）	
		架空	电缆	架空	电缆
63	12～14	240、185	400、300	150、120	240、185
50	10～12	240、185	400、300	150、120	240、185
20	6～8	240、185	—	150、120	—
10	4～8	240、185	—	150、120	—

注：表中推荐的电缆线路为铜芯，也可采用相同载流量的铝芯电缆。

中压主干线导线截面应保持一致，装设联络的中压分支线其功能视同中压主干线,导线截面选择应与中压主干线标准等同。

10 kV 电缆可采用综合管廊电力仓、排管、电缆隧道或直埋敷设方式,规划 A+、A、B 类供电区域的电缆通道,可根据城市总体规划纳入综合管廊工程。D 类区域可采用直埋的敷设方式。

5.3.5.2 开关站

开关站宜建于负荷中心区,一般配置双电源,分别取自不同变电站或同一座变电站的不同母线。开关站接线宜简化,一般采用 2~4 回电源进线、6~12 路出线,单母线分段接线,出线断路器带保护。开关站应按配电自动化要求设计并留有发展余地。

5.3.5.3 环网室

环网室宜采用 6 路进出线,必要时可增减进出线,进线采用负荷开关,出线采用断路器。柜型采用全绝缘全密封气体绝缘环网柜。

有配电自动化需求的环网室,根据供电区域类别、配电自动化规划设计技术导则要求配置组屏式"三遥"DTU 站所终端(Distribution Terminal Unit)或"二遥"标准型 DTU。

5.3.5.4 环网箱

(1)环网箱宜采用 6 路进出线,必要时可增减进出线,进线及环出线开关采用负荷开关,出线开关采用断路器,柜型采用全绝缘全密封 SF6 气体绝缘介质环网柜,采用户外箱体共箱式布置。

(2)有配电自动化需求的环网箱,应配置组屏式"三遥"DTU 或"二遥"标准型 DTU,遮蔽立式安装或预留其安装位置,统一布置于环网箱箱体内。

(3)逐步淘汰电缆分支箱,建议采用环网箱替代。

5.3.5.5 配电室

配电室一般配置双路电源,10 kV 侧一般采用环网开关,220/380 V 为单母线分段接线。变压器接线组别一般采用 D,Yn11,单台容量不宜超过 1 000 kVA。

配电室一般独立建设。受条件所限必须进楼时,可设置在地下一层,但不宜设置在最底层。其配电变压器宜选用干式,并采取屏蔽、减振、防潮措施。

5.3.5.6 箱式变电站

箱式变电站一般用于配电室建设改造困难的情况,如架空线路入地改造地区、配电室无法扩容改造的场所,以及施工用电、临时用电等,其单台变压器容量一般不宜超过 630 kVA。

5.3.5.7 柱上变压器

配电变压器应按"小容量、密布点、短半径"的原则配置,应尽量靠近负荷中心,根据需要也可采用单相变压器。配电变压器容量应根据负荷需要选取,不同类型供电区域的配电变压器容量选取一般应参照表5-13。

表5-13 10 kV柱上变压器推荐容量

供电区域类型	三相柱上变压器容量(kVA)	单相柱上变压器容量(kVA)
A+、A、B、C类	400、200	≤100
D类	400、200、100	≤50

5.3.5.8 柱上开关

规划实施配电自动化的地区,开关性能及自动化原理应一致,并预留自动化接口。

对过长的架空线路,当变电站出线断路器保护段不满足要求时,可在线路中后部安装重合器,或安装带过流保护的断路器。

5.4 低压电网

5.4.1 电网结构

(1)接线模式宜采用树枝放射式结构。

(2)220/380 V线路应有明确的供电范围,供电半径应满足末端电压质量的要求。原则上A+、A类供电区域供电半径不宜超过150 m,B、C类不宜超过250 m,D类不宜超过400 m。

5.4.2 设备选型

(1)220/380 V配电网应有较强的适用性,主干线截面应按远期规划一次选定。导线截面选择应系列化,同一规划区内主干线导线截面不宜超过3种。农村人流密集的地方、树(竹)线矛盾较突出的地段,应选用绝缘导线。220/380 V电缆可采用排管、沟槽、直埋等敷设方式。穿越道路时,采用抗压力保护管。

(2)低压架空导线宜采用耐候铝芯交联聚乙烯绝缘导线,低压电缆线路一般采用交联聚乙烯绝缘电缆。低压主干线导线截面选择见表5-14。

表 5-14 低压线路导线截面推荐表

供电区域分类	架空线路		电缆线路	
	主干线截面（mm²）	分支截面（mm²）	主干线截面（mm²）	分支截面（mm²）
A+、A、B	240、185	≥120	240	≥120
C、D	240、185	≥120	—	—

5.5 配电自动化

5.5.1 指导思想

按照配电自动化与配网网架"统筹规划、同步建设"的总体原则，采取"主站一体化、终端和通信差异化"的模式，全面推进配电自动化建设，着力提升配电自动化应用水平，全面支撑配电网精益管理和精准投资，不断提高配电网供电可靠性、供电质量和效率效益。

加快配电自动化建设，持续提升配电线路自动化覆盖率，逐步实现配电网的可观可控，增强配电网故障快速响应能力，有效地支撑配电网故障主动抢修、设备状态管控、建设改造精准投资，全面提升配电网精益化管理水平。

5.5.2 建设原则

5.5.2.1 统筹规划原则

围绕确立的配电自动化发展目标，根据全省配电网发展规划，组织各地市、县编制配电自动化建设实施方案，明确分年度建设任务，有序地推进基层配电自动化建设。

5.5.2.2 同步建设原则

对于新建配电线路和开关等设备，结合配电网建设改造项目同步实施配电自动化建设。对于电缆线路中新安装的开关站、环网柜等配电设备，按照"三遥"标准同步配置终端设备；对于架空线路，根据线路所处区域的终端和通信建设模式，选择"三遥"或"二遥"终端设备，确保一步到位，避免重复建设。

5.5.2.3 差异实施原则

对于既有配电线路，根据供电区域、目标网架和供电可靠性的差异，匹配不同的终端和通信建设模式开展建设改造。电缆线路选择关键的开关站、环网柜进行改造,杜绝片面追求"全三遥"造成的一次设备大拆大建;架空线路配电自动化改造,以新增"三遥"或"二遥"开关为主,原有开关原则可不拆除,用于实现架空线路多分段。

5.5.3 建设标准

5.5.3.1 主站建设标准

构建跨生产控制大区与管理信息大区应用的一体化配电主站,在生产控制大区接入"三遥"终端,实现配电网运行监控;在管理信息大区接入"二遥"终端(含故障定位装置和故障指示器)、配网状态监测装置,实现配电运行状态管控;通过与 PMS2.0 等系统信息交互,支撑配电网精益化管理。

新建配电主站遵循最新配电自动化系统主站功能规范进行建设,根据配电网规模和应用需求,差异化配置硬件设备和软件功能,主站建设模式充分考虑系统维护的便捷性和规范性,做到省公司范围内主站建设"功能应用统一、硬件配置统一、接口方式统一、运维标准统一"。已建配电主站部署或完善信息交换总线,支撑系统间配电网图形、模型和数据的信息交互,满足配电运行状态管控应用以及配电网管理穿透要求。

5.5.3.2 终端建设标准

1. 常规模式

大部分 A+、A、B 类和部分 C 类供电区域,对配电线路关键节点进行自动化改造,实现故障区间就地定位和隔离,非故障区域可通过遥控或现场操作恢复供电。针对 A+ 和 A 类供电区域,新建改造线路以安装"三遥"终端为主,馈线自动化以集中方式为主;针对 B、C 类供电区域,架空线路馈线自动化优先采用就地重合式,电缆线路馈线自动化采用集中方式。架空线路配置就地重合式、"二遥"终端和故障定位装置;电缆线路配置"三遥"或"二遥"终端。主干线分段开关配置"三遥"或就地重合式"二遥"终端的数量原则上不超过 3 个,联络开关按需配置"三遥"终端,分支线可安装"二遥"动作型终端。开关站原则上应配置"三遥"终端。B 类供电区域配电站所及柱上开关"三遥"终端配置比例原则上不超过 30%,C 类供电区域原则上不超过 20%。

2. 简易模式

部分 C、D 类供电区域,综合运用配电线路单相故障定位装置、远传型故障指示器等设备,实现配电线路故障区间的判断定位,提高抢修人员查找故障的速度。可根据网架分段情况采用就地重合式馈线自动化。

5.5.3.3 通信网建设标准

配电通信网以安全可靠、经济高效为基本原则,充分利用现有成熟通信资源,差异化采用无线公网、光纤等通信方式。"三遥"终端以光纤通信方式为主;"二遥"终端以无线公网通信方式为主,并应选用兼容 2G/3G/4G 数据通信技术的无线通信模块;具备光纤敷设条件的站所终端可建设光纤通道。

5.5.3.4 安全防护标准

严格按照"安全分区、网络专用、横向隔离、纵向认证"的要求,强化边界防护,加强内部的物理、网络、主机、应用和数据安全。配电自动化系统跨区边界、与调度自动化系统边界、与安全接入区边界均应采用电力专用横向单向安全隔离装置;安全接入区与通信网络边界应采用安全接入网关,实现对通信链路的双向身份认证和数据加密;管理信息大区与无线网络接入边界应采用硬件防火墙、数据隔离组件、加密认证装置三重防护;配电终端采用内置专用安全芯片方式,实现通信链路保护、身份认证、业务数据加密。

各类供区配电自动化差异化配置标准,如图 5-9 所示。

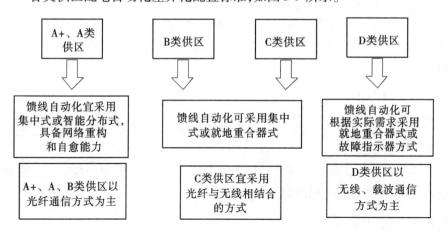

图 5-9 各类供区配电自动化差异化建设配置标准

5.6 用户接入

5.6.1 供电电压等级

用户的供电电压等级应根据当地电网条件、最大用电负荷、用户报装容量,经过技术经济比较后确定。线路供电半径较长、负荷较大的用户,当电压质量不满足要求时,应采用高一级电压供电。

用户接入容量和供电电压等级如表 5-15 所示。

表 5-15　用户接入容量和供电电压等级

供电电压等级	用电设备容量	受电变压器总容量
220 V	10 kW 及以下单相设备	—
380 V	100 kW 及以下	50 kVA 及以下
10 kV	—	50 kVA ~ 5 MVA
35 kV	—	5 ~ 40 MVA
110 kV	—	20 ~ 100 MVA

注:无 35 kV 电压等级的电网,10 kV 电压等级受电变压器总容量为 50 kVA 至 20 MVA。

5.6.2　严格控制变电站 10 kV 专用间隔使用

充分论证 10 kV 专用间隔使用必要性和合理性,考虑通过建设 10 kV 开闭所等方式延伸 10 kV 母线,满足用户专线接入需要。原则上变电站每条 10 kV 母线用户专板数不超 2 个(产业集聚区内变电站的每条 10 kV 母线用户专板数不超 4 个)。

5.6.3　供电电源配置

重要电力用户应采用双电源或多电源供电,其保安电源应符合独立电源的条件。

当单回电源线路供电容量不满足负荷需求,且无附近上一级电压等级供电时,可合理增加供电回路数。

5.6.4　用户接入方式

10 kV 用户接入方式分为专线接入、公线接入、分支线接入。

5.6.4.1　专线接入

用电设备总容量在 6 MVA 及以上的用户宜采用专线接入变电站。

5.6.4.2　公线接入

用电设备总容量在 6 MVA 以下的用户宜接入公用线路。用电设备总容量在 1.25 ~ 6 MVA 的用户可采用新建分支线接入 10 kV 开关站。

5.6.4.3　分支线接入

用电设备总容量在 1.25 MVA 以下的用户可采用新建分支线接入 10 kV

主干线。

新建住宅项目终期配变容量在 1.5 MVA 及以下时,可就近接入电网公共连接点;终期配变容量在 1.5~5 MVA 时,应从公用开关站出线并新建环网单元进行接入;终期配变容量在 5 MVA 及以上的应建设开关站(所);终期配变容量在 30 MVA 及以上,应按城镇规划和电网规划预留变电站建设用地及电力线路通道。

5.7 分布式电源接入

5.7.1 接入电压等级

(1)分布式电源接入电压等级可根据各接入点装机容量进行初步选择,可参照表 5-16 标准。最终接入电压等级应根据电网条件,通过技术经济比较选择论证确定。若高低两级电压均具备接入条件,优先采用低电压等级接入。

表 5-16 分布式电源接入电压等级

电源总容量范围	接入电压等级
8 kW 及以下	220 V
8~400 kW	380 V
400 kW~6 MW	10 kV
5~30 MW	35 kV 或多回 10 kV

(2)分布式电源应具备低电压穿越能力。当分布式电源并网点电压跌至 20% 标称电压时,应能够保证不脱网运行 625 ms;当并网点电压发生跌落 2 s 内能够恢复到标称电压的 90% 时,应保证不脱网连续运行。

5.7.2 接入原则

分布式电源接入系统方案应明确用户进线开关、并网点位置,并对接入分布式电源的配电线路载流量、变电站容量、开关短路电流遮断能力进行校核。

当公共连接点处并入两个及以上的电源时,应总体考虑它们的影响。

并网点的确定原则为电源并入电网后能有效输送电力并且能确保电网的安全稳定运行。

分布式电源可以专线或 T 接方式接入系统。

分布式电源并网运行信息采集及传输应同时满足《分布式电源接入电网监控系统功能规范》(NB/T 33012—2014)和《电力监控系统安全防护规定》(国家发展和改革委员会第 14 号令)等国家相关规定的要求。

分布式电源接入后,其与公用电网连接处的电压偏差、电压波动和闪变、谐波、三相电压不平衡、间谐波等电能质量指标应满足相关电能质量国家标准的要求。

分布式电源继电保护和安全自动装置配置应符合相关继电保护技术规程、运行规程和反事故措施的规定。

接入分布式电源的 220(380)V 用户进线计量装置后开关以及 10(35) kV 用户公共连接点处分界开关,应具备电网侧失压延时跳闸、用户单侧及两侧有压闭锁合闸、电网侧有压延时自动合闸等功能,确保电网设备、检修(抢修)作业人员以及同网其他客户的设备、人身安全。其中,220(380)V 用户进线计量装置后开关失压跳闸定值宜整定为 20% UN、10 s,检有压定值宜整定为大于 85% UN。

当分布式电源并网点电压为 85%~110% 标称电压、并网点频率为 49.5~50.2 Hz 时,应能正常运行。

分布式电源并网点电压波动和闪变值、谐波值、间谐波值、三相电压不平衡度满足相关导则要求时,应能正常运行。

5.7.3 接入点

分布式电源接入点的选择应根据其电压等级及周边电网情况确定,具体见表 5-17。

表 5-17 分布式电源接入点选择

电压等级	接入点
35 kV	用户开关站、配电室或箱变母线
10 kV	用户开关站、配电室或箱变母线、环网柜
220(380)V	用户配电室、箱变低压母线或用户计量配电箱

5.8 电铁接入

5.8.1 电力牵引负荷为一级负荷,采用集中供电方式,牵引站应由两路电源供电,互为备用;当任一路故障时,另一路仍应正常供电。

5.8.2 牵引站的两路电源宜取自不同电源点的两座变电站。如牵引站的电源取自同一变电站,原则上应同时满足以下条件:(a)两路电源取自不同段母线;(b)接入的变电站应至少有两路电源进线,同时应考虑在接入的变电站扩建或检修情况下,对牵引站供电的影响及应采取的措施。

5.8.4 供电电源应满足远期运量增长的需要。

5.8.5 牵引站作为重要用户应配置自备应急电源。

5.8.6 新建110 kV牵引站供电线路导线截面原则上不低于300 mm^2。根据电网规划,如果牵引站部分供电线路远期将用作系统线路,该段线路导线截面需按系统需求选取。

5.8.7 牵引站的两路电源线路不宜同塔架设,其中一回电源线路列为重要负荷供电线路。另一回运行检修特别困难的局部线段也应按重要线路设计;对于因通道紧张等原因同塔架设的供电线路也应按重要线路设计。重要负荷供电线路的选取,结合线路长度、走径环境条件及所接入变电站与系统的联接情况,在工程可研中明确。

5.9 条文说明

5.9.1 第5.1.1 供电区域划分

根据河南省经济社会发展及行政区划情况,明确了河南省供电分区划分A+、A、B、C、D五类,其中A+只允许在郑州、洛阳中心区出现。

5.9.2 第5.2.1 电网结构

电网结构如图5-10~图5-12所示,辐射如图5-13所示,电网结构过渡示意图见图5-14。[源自《配电网规划设计技术导则》(Q/GDW 1738—2012)]

5.9.3 第5.2.2 设备选型

设备选型应综合考虑负荷密度、空间资源条件,以及上下级电网的协调性和整体经济性等因素,确定变电站的供电范围以及主变压器的容量序列,线路导线截面应与电网结构、变压器容量和台数相匹配。应根据负荷的空间分布及其发展阶段,合理安排供电区域内变电站建设时序。

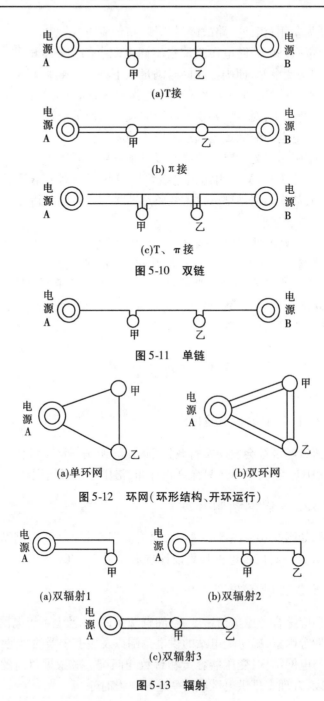

(a)T接

(b)π接

(c)T、π接

图 5-10 双链

图 5-11 单链

(a)单环网　　(b)双环网

图 5-12 环网(环形结构、开环运行)

(a)双辐射1　　(b)双辐射2

(c)双辐射3

图 5-13 辐射

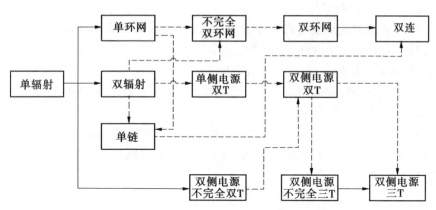

图 5-14 110~35 千伏电网结构过渡示意

5.9.4 第 5.3.1 电网结构

根据《河南电网发展技术及装备原则》(2009 版)第四章、《配电网规划设计技术导则》(Q/GDW 1738—2012)。

5.9.5 第 5.3.2 中压配电网分支级数

根据《供配电系统设计规范》(GB 50052—2009),10 千伏电网供电系统应简单可靠,配电级数不宜多于两级。对于一个配电装置而言,总进线开关与馈出分开关合起来称为一级配电,不因它的进线开关采用断路器或采用隔离开关(或负荷开关)而改变它的配电级数。

5.9.6 第 5.3.3 供电能力

在满足 10 千伏线路 N-1 校验的条件下,确定典型供电模式的供电能力,计算公式如下:

$$线路总供电能力 = 主干线路条数 \times 单条线路供电能力 \quad (5-1)$$

单条线路供电能力计算公式

$$P = \sqrt{3} \times U \times I \times \cos\varphi \times f \quad (5-2)$$

式中 P——线路负载;

I——线路允许最大载流量;

U——线路额定电压;

$\cos\varphi$——功率因素(取 0.95);

f——N-1 负载率。

其中,N-1负载率与中压接线模式有关:

(1)架空辐射式接线方式不考虑 N-1 要求,线路负载率不超过 80%;

(2)架空三分段单联络、多分段适度联络方式按照线路运行 N-1 准则,一回线路故障不损失负荷,线路负载率取 50%;

(3)架空三分段两联络方式按照线路运行 N-1 准则,一回线路故障不损失负荷,线路负载率取 50%;

(4)电缆单环网按照线路运行 N-1 准则,线路负载率取 50%;

(5)电缆双环网按照线路运行 N-1 准则,一回线路故障不损失负荷,线路负载率取 50%。

$$线路装接配变容量上限 = \frac{单条线路供电能力}{配变综合负载率} \times 主干线路数量 \quad (5\text{-}3)$$

其中,配变综合负载率按照 40% 考虑。

10 千伏电缆主要为交联聚乙烯绝缘聚乙烯内护层钢带铠装聚氯乙烯护套铜芯电力电缆,表中载流量选取直埋敷设方式下环境温度为 40 ℃ 的数值。电缆正常运行时,导体的长期最高允许温度为 90 ℃。10 千伏电缆导体截面的选择应结合敷设环境来考虑,10 千伏常用电缆可根据表 5-18 中 10 千伏交联电缆载流量,结合不同环境温度、不同土壤热阻系数及多根并行敷设等各种载流量校正系数来综合计算,分别如表 5-19 ~ 表 5-22 所示。

10 千伏架空电力线路,遇下列情况应采用架空绝缘铝绞线,当挡距超过 60 m 宜采用架空绝缘钢芯铝绞线:线路走廊狭窄,与建筑物之间的距离不能满足安全要求的地段;高层建筑邻近地段;繁华街道或人口密集地区;游览区和绿化区及不宜砍伐的经济林区;空气严重污秽地段;建筑施工现场。除上述区域外的当挡距在 60 米及以下的可采用裸铝绞线,挡距大于 60 米及有重要跨越区段的宜采用钢芯铝绞线。[源自《国网河南省电力公司电网设备装备技术原则》(2016 年)]

典型设计中绝缘导线的适用档距不超过 80 米,裸导线适用档距不超过 250 米。当导线的适用档距为 80 米及以下时可采用铝绞线。[源自《国家电网公司配电网工程典型设计 10 千伏架空线路分册》]

校验导线的载流量时,裸铝导线、钢芯铝绞线的允许温度采用 +70 ℃,架空绝缘线 XLPE 绝缘的导线的允许温度采用 +90 ℃。根据总体技术要求,设计选型时应按使用条件进行计算后选取。[源自《国网河南省电力公司电网设备装备技术原则》(2016 年)]

表 5-18 10 千伏交联电缆载流量

10 kV 交联电缆载流量	电缆允许持续载流量(A)			
绝缘类型	交联聚乙烯			
钢铠护套	无		有	
缆芯最高工作温度(℃)	90			
敷设方式	空气中	直埋	空气中	直埋
缆芯截面(mm²) 70	178	152	173	152
120	251	205	246	205
150	283	223	278	219
185	324	252	320	247
240	378	292	373	292
300	433	332	428	328
400	506	378	501	374
环境温度(℃)	40	25	40	25
土壤热阻系数(℃·m/W)	—	2.0	—	2.0

注:1. 适用于铝芯电缆,铜芯电缆的允许载流量可乘以 1.29。
2. 缆芯工作温度大于 90 ℃时,计算持续允许载流量时,应符合下列规定:
   (1)数量较多的该类电缆敷设于未装机械通风的隧道、竖井时,应计入对环境温升的影响。
   (2)电缆直埋敷设在干燥或潮湿土壤中,除实施换土处理能避免水分迁移外,土壤热阻系数取值不小于 2.0 ℃·m/W。

表 5-19 10 千伏电缆在不同环境温度时的载流量校正系数

缆芯最高工作温度(℃)	环境温度(℃)							
	空气中				直埋			
	30	35	40	45	20	25	30	35
60	1.22	1.11	1	0.86	1.07	1	0.93	0.85
65	1.18	1.09	1	0.89	1.06	1	0.94	0.87
70	1.15	1.08	1	0.91	1.05	1	0.94	0.88
80	1.11	1.06	1	0.93	1.04	1	0.95	0.90
90	1.09	1.05	1	0.94	1.04	1	0.96	0.92

表 5-20 不同土壤热阻系数时 10 千伏电缆载流量的校正系数

土壤热阻系数 (℃·m/W)	分类特征(土壤特性和雨量)	校正系数
0.8	土壤很潮湿,经常下雨。如湿度大于9%的沙土; 湿度大于10%的沙泥土等	1.05
1.2	土壤潮湿,规律性下雨。如湿度大于7% 但小于9%的沙土;湿度为12%~14%的沙泥土等	1
1.5	土壤较干燥,雨量不大。如湿度为 8%~12%的沙泥土等	0.93
2	土壤干燥,少雨。如湿度大于4%但小于7%的沙土; 湿度为4%~8%的沙泥土等	0.87
3	多石地层,非常干燥。如湿度小于4%的沙土等	0.75

表 5-21 土中直埋多根并行敷设时电缆载流量的校正系数

电缆根数		1	2	3	4	5	6
电缆之间 净距 (mm)	100	1	0.90	0.85	0.80	0.78	0.75
	200	1	0.92	0.87	0.84	0.82	0.81
	300	1	0.93	0.90	0.87	0.86	0.85

表 5-22 空气中单层多根并行敷设时电缆载流量的校正系数

电缆根数		1	2	3	4	5	6
电缆 中心距 (mm)	$s=d$	1	0.9	0.85	0.82	0.81	0.80
	$s=2d$	1	1.0	0.98	0.95	0.93	0.90
	$s=3d$	1	1.0	1.00	0.98	0.97	0.96

注:1. s 为电缆中心间距离,d 为电缆外径;

2. 本表按全部电缆具有相同外径条件制定,当并列敷设的电缆外径不同时,d 值可近似地取电缆外径的平均值。

5.9.7 第5.3.4 转供能力的确定依据

为满足不同容量主变故障方式下的负荷转移,计算出需 10 千伏联络线的条数,该条数为联络线的最低数,与 10 千伏电网结构及导线截面选择有关。

第5.3.5 设备选型的(一)源自《配电网技术导则》(Q/GDW 10370—

2016)第7.2.5条。

5.9.8 第5.4.1 电网结构

各市(县)应综合考虑电网建设成本、电网建设与改造的可行性等因素,结合不同供电区域采用的典型接线模式表,作为规划年的10千伏目标网架。

第5.4.1中压电网结构中的最优分段分析:

馈线分段是配电可靠性优化和配电网规划设计的重要内容。馈线分段的目的是缩小故障区域,提高故障后非故障段负荷的转供能力。一般来讲,分段越多,故障区段越小,可靠性越高,但投资也越大。本节对各种配电网结构的故障转供方式机制和用户停电成因进行分析,论证各种电网结构的合理分段数。

5.9.8.1 从可靠性角度分析馈线最优分段

首先从可靠性角度论证各种电网结构的合理分段数,然后分别对架空系统和电缆系统的线路、分段开关和开闭所三种元件做故障分析,总结可靠性预测计算公式。

为了细化分析计算,将网络结构分为可转供与不可转供两种情况进行解析。

分别以上述影响因素为因变量,分析其变化对供电可靠性的影响,所用计算变量如表5-23所示。

表5-23 可靠性计算公式所用参数含义

可靠性计算参数变量	含义	电网固有参数变量	含义
f_l	线路故障率	L_i	第 i 段线路长度
T_{che}	故障排查时间	L_{ml}	主干线总长度
f_k	开闭所(开关)故障率	N	全线用户数
T_{rep}	故障修复时间	n	线路分段数(开闭所个数)

为了简化分析,在计算各种配电网结构可靠率时采用如下假定:

(1)仅考虑单重故障,不考虑多重故障;

(2)只考虑主干线上的元件故障引起的停电时户数,包括线路、分段开关和开闭所;

(3)电缆系统用户全部挂接在开关站母线上,线路故障时可将其隔离而不影响用户。

1. 架空系统

1) 不可转供情况

主干线上元件故障引起的总停电时户数为：

$$\Delta S = f_1 LN\left(T_{che} + \frac{n+1}{2n} T_{rep}\right) + f_k nN\left(T_{che} + \frac{n+1}{n} T_{rep}\right) \quad (5\text{-}4)$$

采用河南省现状设备故障率统计值计算分段数为 1~10 时的停电时户数，结果如图 5-15 所示。

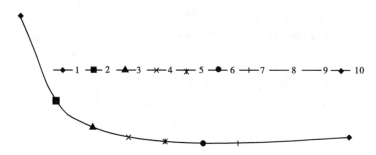

图 5-15　无转供架空线路停电时户数（采用馈线自动化）

通过图中的变化曲线，可以非常明显地看出，在 7 个分段的时候停电时户数最小，当分段数大于 7 段时，停电时户数呈上升趋势。

因此，从可靠性角度来看，10 千伏架空辐射型线路分段数不宜超过 7 段。

2) 可转供情况

（1）线路故障。

若第 i 段线路出现故障，变电站侧开关保护动作，全线停电。排查故障位置后，进行故障隔离，第 i 段线路两侧负荷开关开断。

故障隔离后 i 段前负荷由 A 站恢复供电，i 段后负荷由 B 站线路倒供。所以，i 段用户停电时间为故障排查时间与故障修复时间之和，其余用户停电时间为故障排查时间。

$$\begin{aligned}\Delta S_{jl} &= \sum_{i=1}^{n} (f_1 L_i N T_{che} + f_1 L_i N_i T_{rep}) \\ &= f_1 LN\left(T_{che} + \frac{T_{rep}}{n}\right)\end{aligned} \quad (5\text{-}5)$$

（2）开关故障。

主线开关故障时站内开关保护动作，故障定位后两侧开关开断隔离故障，开关间的用户停电时间为排查时间与检修时间之和，其余用户停电时间为排查时间。

$$\Delta S_{jk} = \sum_{i=1}^{n} (f_k N T_{che} + f_k N_{i-1} T_{rep} + f_k N_{i+1} T_{rep})$$
$$= f_k n N (T_{che} + \frac{2T_{rep}}{n}) \quad (5-6)$$

综上,架空系统元件故障停电总时户数为:

$$\Delta S_j = \Delta S_{jl} + \Delta S_{jk} = f_l L N (T_{che} + \frac{T_{rep}}{n}) + f_k n N (T_{che} + \frac{2T_{rep}}{n}) \quad (5-7)$$

计算分段数为 1~20 时的停电时户数,结果如图 5-16 所示。

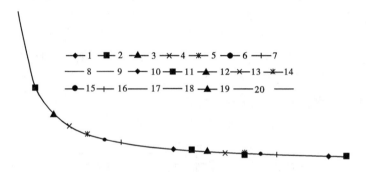

图 5-16 可转供架空线路停电时户数(采用馈线自动化)

通过图中的变化曲线看出,在 20 分段以内可转供架空线路停电时户数随分段数增加而降低,在 7 个分段的时候停电时户数降低的效果达到 80%;20 分段的效果不大于 90%,也可以说,8~20 分段的时户数降低效果也只有不到 10% 的空间。因此,从可靠性效果来说,可转供架空馈线分段数不宜超过 7 段。

因此,从可靠性角度来说,架空线路分段不宜超过 7 段。

2. 电缆系统

1) 不可转供情况

与架空系统相同。

2) 可转供情况

线路故障如图 5-17 所示。

若第 i 段线路出现故障,变电站侧开关保护动作,全线停电。排查故障位置后,进行故障隔离,第 i 段线路两侧负荷开关开断。故障隔离后整条线路恢复供电,全线用户停电时间为故障排查时间。

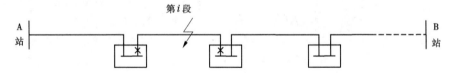

图 5-17 线路故障

$$\Delta S_{\mathrm{cl}} = \sum_{i=1}^{n} f_1 L_i N T_{\mathrm{che}} = f_1 L N T_{\mathrm{che}} \tag{5-8}$$

可以看出，由于用户均接于开闭所母线上，任一段的主干线故障均可以隔离线路而不影响开闭所所接用户用电，因此主干线故障时停电时户数与分段数无关。有无馈线自动化的差别在于二者总停电时间不同，即停电时户数的值不同。无自动化时故障排查时间为人工排查时间，大概 2 小时；有自动化则故障排查时间为保护动作时间，为 5 分钟左右。

开闭所故障如图 5-18 所示。

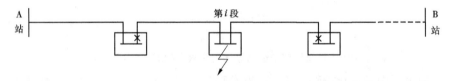

图 5-18 开闭所故障

开闭所故障时变电站侧开关保护动作，全线停电，排查故障。定位开闭所 i 为故障点，进行故障隔离，前后两座开闭所内负荷开关开断。故障隔离后 i 开闭所前负荷由 A 站恢复供电，i 开闭所后的负荷由 B 站线路倒供。所以，i 开闭所用户停电时间为故障排查时间与故障修复时间之和，其余用户停电时间为故障排查时间。

$$\Delta S_{\mathrm{ck}} = \sum_{i=1}^{n} (f_k N T_{\mathrm{che}} + f_k N_i T_{\mathrm{rep}}) = f_k n N \left(T_{\mathrm{che}} + \frac{T_{\mathrm{rep}}}{n} \right) \tag{5-9}$$

综上，电缆系统主干线上元件故障引起的停电总时户数为：

$$\Delta S_{\mathrm{c}} = \Delta S_{\mathrm{cl}} + \Delta_{\mathrm{ck}} = f_1 L N T_{\mathrm{che}} + f_k n N \left(T_{\mathrm{che}} + \frac{T_{\mathrm{rep}}}{n} \right)$$

$$= f_1 L N T_{\mathrm{che}} + f_k N T_{\mathrm{rep}} + f_k n N T_{\mathrm{che}}$$

从公式可见，时户数随分段数 n 增加而增加。因此，从可靠性角度来看，可转供电缆线路宜少分段。

假定馈线分为 N 段,用户均匀分布在馈线上,总用户数为 S,架空线每段用户为 $\frac{S}{N}$,电缆系统开关站每母线挂接用户数为 $\frac{S}{N}$,线路总长为 L,每段长 $\frac{L}{N}$。线路故障率为 λ,故障负荷转供时间为 T_1,上游故障恢复时间为 T_2,故障修复时间为 T_3。电缆系统中,$T_1 = T_3$。

第 i($i = 0、1、\cdots、N-1$)段线路故障时,故障率为:$\frac{\lambda L}{N}$。停电时户数为:

$$[(N-i-1) \times T_1 + i \times T_2 + T_3] \times \frac{S}{N}$$
$$= [NT_1 - i \times (T_1 - T_2) - (T_1 - T_3)] \times \frac{S}{N} \quad (5\text{-}10)$$

累加第 0 段到第 $N-1$ 段的停电时户数,整理后得到:

$$\frac{(T_1 + T_2)\lambda LS}{2} + \frac{(T_1 - T_2)\lambda LS}{2N} + \frac{(T_3 - T_1)\lambda LS}{N} \quad (5\text{-}11)$$

从上式可见,馈线停电时户数与分段数成反比,分段越多,停电用户数越低。

电缆系统中,$T_1 = T_3$,架空系统 $T_3 > T_1$。因此,同等条件下,电缆系统停电时户数小于架空系统。

若实现了自动化,$T_1 = T_2$,此时停电时户数与分段无关。因此,双射网、双环网、井字形、平行直供、两供一备等接线模式可靠性与分段数无关,与开关站的容量控制有关。

单环网的停电时户数与分段数成反比,为了论证单环网合理的分段数,取 $N=1$ 到 10 分别计算停电时户数,结果列于表 5-24 中。

表 5-24 分段数和停电时户数的关系

分段数	停电时户数	分段数	停电时户数	分段数	停电时户数
1	9.0	4	6.8	7	6.4
2	7.5	5	6.6	8	6.4
3	7.0	6	6.5	9	6.3

单环网分段数和停电时户数的关系曲线如图 5-19 所示。

由图表可见,分段数降到 4 段时,停电时户数的下降空间已经很小了。因此,确定单环网的最优分段数为 4 段,主干支路上装设 3 个开关或 4 座开关站。

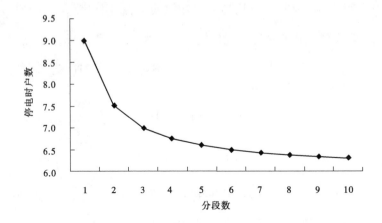

图 5-19 单环网分段数和停电时户数的关系曲线

5.9.8.2 从安全性角度分析馈线最优分段

从线路末端电压降随分段数变化而变化的角度进行最优分段数的分析：

分一段时线路电压损耗为：

$$\frac{P}{U}(R\cos\varphi + X\sin\varphi) \tag{5-12}$$

分两段时线路电压损耗为：

$$\frac{3}{4}\frac{P}{U}(R\cos\varphi + X\sin\varphi) \tag{5-13}$$

分三段时线路电压损耗为：

$$\frac{2}{3}\frac{P}{U}(R\cos\varphi + X\sin\varphi) \tag{5-14}$$

分四段时线路电压损耗为：

$$\frac{5}{8}\frac{P}{U}(R\cos\varphi + X\sin\varphi) \tag{5-15}$$

不同分段线路电压损耗曲线如图 5-20 所示。

由上图可见，当分段数为 5 段时，电压损耗降低的效果达到 40%；最多（无限多的开关）的分段所起的效果不大于 50%，也可以说，分段再多（大于 5 段）的效果也只是得到 40%~50% 的效果。

对于同一电压等级，采用同样规格导线、同样供电距离、三相对称且负荷功率因数相同的供电线路，当满足相同电压损耗时，可带负荷随线路分段数增加而增加。

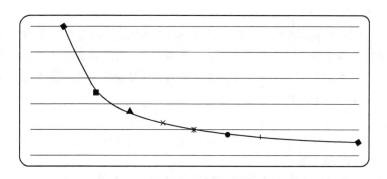

图 5-20　不同分段线路电压损耗曲线

因此,从减少电压降增加线路供电能力角度来说,中压馈线分为 5 段以内较为合适。

5.9.8.3　馈线的最优分段结论

综合以上从可靠性和安全性角度对不同网络结构中 10 kV 线路的最优分段的分析,得出以下结论:10 kV 电缆线路最多分段数以 4 段为宜,架空线路最多分段数以 5 段以内为宜。

5.9.9　第 5.3.5 条

5.9.9.1　第(一)条

第(1)条源自《配电网规划设计技术导则》(DL/T 5729—2016)第 8.4.1 条,结合河南省电网实际将原规定 1"同一规划区的主干线导线截面不宜超过 3 种",修改为"同一规划区的主干线导线截面不宜超过 2 种"。且将容量为 50 MVA、63 MVA 主变对应的架空主干线截面删除 150,电缆主干线截面删除 240,架空分支线截面删除 95,电缆分支线截面删除 150;将容量为 10 MVA、20 MVA 主变对应的架空主干线截面修改为 240、185;删除铝芯电缆的使用要求。

第(2)条源自《国网河南省电力公司电网设备装备技术原则》(2016 年)第 1.1.5 条。

第(3)条源自《配电网技术导则》(Q/GDW 10370—2016)第 7.2.5 条。

5.9.9.2　第(二)条

源自《配电网技术导则》(Q/GDW 10370—2016)第 7.4.4 条。

5.9.9.3　第(四)条

源自《国网河南省电力公司电网设备装备技术原则》(2016 年)第二章。《配电网技术导则》(Q/GDW 10370—2016)对环网室、环网箱做了统一的说明:(1)根据环网室(箱)的负荷性质,中压供电电源可采用双电源或采用单电源,一般进线及环出线采用负荷开关,配出线根据电网情况及负荷性质采用负荷开关或断路器;(2)供电电源采用双电源时,一般配置两组环网柜,中压为两条独立母线;(3)供电电源采用单电源时,按规划建设构成单环式接线,一般配置一组环网柜,中压为单条母线。

5.9.9.4 第(五)条

源自《国网河南省电力公司电网设备装备技术原则》(2016年)第二章。

5.9.9.5 第(六)条

源自《国网河南省电力公司电网设备装备技术原则》(2016年)第二章的第1.5.2条。《配电网技术导则》(Q/GDW 10370—2016)的第7.3.1条规定:一般配置单台变压器,采用一组环网柜,配出一般采用负荷开关-熔断器组合电器用于保护变压器,变压器绕组联结组别应采用Dyn11,变压器容量一般不超过630 kVA。

5.9.9.6 第(七)条

源自《国网河南省电力公司电网设备装备技术原则》(2016年)第二章的第1.5.2条,增加10千伏柱上变压器容量推荐表。

5.9.9.7 第(八)条

源自《国网河南省电力公司电网设备装备技术原则》(2016年),第1.5.2条规定:1)规划实施配电自动化的地区,开关性能及自动化原理应一致,并预留自动化接口;2)在用户进线处和郊区运行状况较差的大分支线路(D类供区一级分支)应在首端安装带接地保护跳闸功能的智能型断路器分界开关。

第二章规定:主干线设置1~2台具备三遥功能配电自动化接口的柱上断路器,断路器开断能力为20 kA或25 kA,采用空气绝缘、真空灭弧方式。《配电网技术导则》(Q/GDW 10370—2016)规定线路分段、联络开关一般采用负荷开关。

5.9.10 第5.4条

(1)源自《国网河南省电力公司电网设备装备技术原则》(2016年)第2.3条,低压网络结构示意如图5-21所示。

(2)《配电网技术导则》(Q/GDW 10370—2016)的9.6.4条、《配电网规划设计技术导则》(Q/GDW 1738—2012)的5.12.3条,与《国网河南省电力公司电网设备装备技术原则》(2016年)有相同的低压供电半径要求。

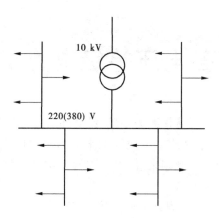

图 5-21　低压网络结构示意

第 5.4.2 条(1)源自《国网河南省电力公司电网设备装备技术原则》(2016 年)中 1.6 低压主要设备,未改动。(2)设备选型源自《配电网技术导则》(Q/GDW 10370—2016)8.2 低压电缆线路中规定,导线截面源自《国网河南省电力公司电网设备装备技术原则》(2016 年),将导线截面选型修改为表格形式。

第 5.4.2(二)条源自《河南公司电网设备装备技术原则》第二章。

第 5.4.2(六)条源自《河南公司电网设备装备技术原则》第二章。

第 5.5 条源自《配电自动化规划设计技术导则》(Q/GDW 11184—2014)。

第 5.6.1 条源自《配电网规划设计规程》(DL/T 5542—2018)第 9.2 条,电力客户接入系统。

第 5.7 条源自《分布式电源接入电网技术规定》(Q/GDW 1480—2015)4.基本要求,区别于《配电网技术导则》(Q/GDW 10370—2016),11.1 接入一般技术原则中,并网电压等级为 35 千伏的电源总容量不同,分布式电源导则中规定的电源总容量范围为 5 000 ~ 30 000 kW,《配电网技术导则》(Q/GDW 10370—2016)中规定为 6 000 ~ 20 000 kW。

第 5.7.2 条(1)~(4)源自《分布式电源接入电网技术规定》(Q/GDW 1480—2015)4.基本要求;(5)~(11)源自《配电网技术导则》(Q/GDW 10370—2016)第 11.1.3~11.1.6 条。

第 5.7.3 条源自《分布式电源接入配电网设计规范》(Q/GDW 11147—2013)第 5.2.2 条。

6 各电压等级电力平衡

电力平衡是以电力负荷预测为基础,结合地区能源资源、电源建设条件及前期工作调研,对某一地区或多个地区未来电力电量供应与负荷需求之间的平衡进行分析。对配电网规划来说,需要进行 110 kV、35 kV、10 kV 分层电力平衡分析变电容量需求。

《国家电网公司配电网规划内容深度规定》(Q/GDW 10865—2012)要求在 110(35)kV 层面,依据区域负荷预测结果,充分考虑各电压等级接入的电源和直供用户负荷因素,在量化分析相关历史数据及其变化率的基础上,预测 110(35)kV 公用网网供负荷,并根据规划期内各年度容载比,分析建设规模的合理性。10 kV 层面,结合本地区负荷预测结果,在量化分析相关历史数据及变化率的基础上,预测本地区 10 kV 公用网网供供电负荷(扣除专线负荷)和公用网公用配变负荷(扣除专线及专变负荷)。根据 10 kV 公用网网供负荷预测结果、10 kV 出线间隔情况以及变电站供电范围划分情况,考虑区内分布式电源接入,分年度安排 10 kV 电网新增出线的条数和主干线走向,估算 10 kV 配电线路工程新建规模;以 10 kV 公用网公用配变负荷预测为基础,充分考虑电网现状及户均配变容量、低压供电半径等因素,依据规划技术原则中的配变容量序列及有关标准,估算分年度、各分区 10 kV 配电变压器的容量和数量规模。

6.1 110(35)kV 电力平衡

6.1.1 容载比

容载比是某一供电区内变电设备总容量与供电区最大负荷的比值,计算公式如下:

$$R_S = \frac{\sum S_i}{P_{max}}$$

式中 R_S——容载比;

P_{max}——供电区内某电压等级的网供最大负荷,也就是供电区最大负

荷时刻,所有公用变压器降压功率之和;

S_i——供电区相应电压等级第 i 个公用变电站主变容量。

容载比在供电区内应按电压等级分层计算。当计算某电压等级容载比时,该电压等级发电厂升压变压器容量及直供负荷不应列入,该电压等级用户专用变电站的变电容量和负荷也应扣除,与外供电区之间仅进行功率交换的联络变压器容量,视情况也应扣除。

容载比是变电容量充裕度的量度,是供电区内控制变电容量的宏观指标,是电网规划设计检验变电容量合理性的重要依据。合理的容载比在主变压器、线路 N−1 退出运行后,负荷能够顺利、有序转移,保障可靠供电,且为负荷增长留出了一定的空间,因此适度超前配置变电容量,适应电网发展也是十分必要的。

确定容载比既要考虑负荷增长速度,又要考虑网络联系的紧密程度等因素,并与供电区内负荷密度、负荷分布、负荷功率因数和电网必要的裕度有关。负荷增长率低、网络联系紧密,容载比可以适当降低;负荷增长率高、网络联系不强,容载比应适当提高。

《配电网规划设计技术导则》(DL/T 5729—2016)要求容载比总体宜控制在 1.8～2.2。《配电网规划设计技术导则》(Q/GDW 1738—2012)根据规划区域的经济增长和社会发展的不同阶段,将配电网负荷增长速度分为较慢、中等、较快三种情况,110～35 kV 电网的容载比如表 6-1 所示,总体宜控制在 1.8～2.2。

表 6-1　110～35 kV 电网容载比选择范围

负荷增长情况	较慢增长	中等增长	较快增长
年负荷平均增长率 K_p	$K_p \leq 7\%$	$7\% < K_p \leq 12\%$	$K_p > 12\%$
110～35 kV 容载比(建议值)	1.8～2.0	1.9～2.1	2.0～2.2

根据河南省实际情况,按照《配电网规划设计技术导则》(Q/GDW 1738—2012)中负荷增长情况来细化河南省 110～35 kV 电网容载比选择范围。年负荷平均增长率取该地区过去 3 年全社会最大负荷年均增速。

如 A 市 2018 年全社会最大负荷为 575 万 kW,2016 年为 521 万 kW,年均增速 5%,110～35 kV 容载比建议取为 1.8～2.0。

6.1.2　电力平衡

110 kV 电力平衡用于确定规划年所需变电容量及容载比,电力平衡如

表 6-2 所示。其中：

表 6-2 110 kV 电力平衡

序号	类别	2018 年（现状年取实际值）	2019 年	2020 年	…	2025 年
①	供电区最高供电负荷					
②	供电区地方电厂装机（不含风电、光伏）					
③	供电区风电装机(35 kV)					
④	供电区集中式光伏装机(35 kV)					
⑤	地方电厂出力(⑤=②×0.5)					
⑥	外区转供本区 35 kV 及以下负荷					
⑦	110 kV 及以上用户变直供负荷(含牵引站)					
⑧	220 kV 公变直供 35 kV 及以下负荷					
⑨	需 110 kV 变电站供电负荷（⑨=①−⑤−④×0.2−⑥−⑦−⑧）					
⑩	增容前 110 kV 变电容量					
⑪	增容前容载比(⑪=$\frac{⑩}{⑨}$)					
⑫	扩建、新建变电站容量					
⑬	扩建、新建变电站名称					
⑭	增容后 110 kV 变电容量（⑭=⑫+⑩）					
⑮	增容后容载比(⑮=$\frac{⑭}{⑨}$)					

(1)供电区最高供电负荷：市(县)全社会用电负荷扣除厂用电及网损后的数值。河南省厂用电及网损在全省层面统一计算，故供电区最高供电负荷

取该地区全社会最大供电负荷即可。现状年全社会最大供电负荷以当年发布数据为准。

(2)供电区地方电厂装机:35 kV及以下地方小火电、水电、生物质等装机之和。

(3)供电区风电装机:该区域35 kV集中式风电机组之和。电力平衡时一般不考虑风电机组。

(4)供电区集中式光伏装机:该区域35 kV集中式光伏装机之和。电力平衡时一般不考虑分布式光伏发电。

(5)地方电厂出力:现状年取实际值。规划年一般可取装机容量的50%,夏季日间平衡时集中式光伏出力可按额定容量的20%考虑。

(6)外区转供本区35 kV及以下负荷:外区转供本区35 kV及以下负荷取正值,本区转供外区35 kV及以下负荷取负值。

(7)220 kV公变直供35 kV及以下负荷:220 kV公用变电站直接出10 kV线路或带35 kV变电站的负荷。

(8)需110 kV变电站供电负荷:供电区最高供电负荷减35 kV及以下地方电厂出力、外区供35 kV及以下负荷、220 kV公变直供35 kV及以下负荷、110 kV及以上用户变直供负荷。

(9)增容前110 kV容载比:增容前110 kV变电容量与需110 kV变电站供电负荷之比。

(10)增容后110 kV容载比:增容后110 kV变电容量与需110 kV变电站供电负荷之比。

示例1 某供电区2018年全社会供电负荷为1 270 MW,35 kV及以下地方电厂装机为146 MW,35 kV风电装机、集中式光伏装机分别为10 MW、20 MW,预计2020年分别达到20 MW、30 MW。本区一乡镇由于地理位置原因,其主供的35 kV变电站长期由相邻供电区110 kV供电,该乡镇最大负荷约10 MW。该供电区110 kV用户变3座、220 kV用户变1座,用户变最大负荷合计345 MW。由于10 kV间隔资源紧张,该供电区市中心一座220 kV变电站出4回10 kV线路供周边用户,4回出线最大负荷约24 MW,预计规划年出线8回。请根据负荷预测结果及容载比范围进行110 kV供电平衡(容载比为1.8~2)。

某地区电网110 kV电力平衡如表6-3所示。

表6-3　某地区电网110 kV电力平衡　　　　　　　　（单位：MW）

序号	类别	2018年	2019年	2020年	2021年	2022年	2023年	2024年	2025年
①	供电区最高供电负荷	1 270	1 390	1 510	1 600	1 710	1 800	1 870	1 960
②	供电区地方电厂装机（不含风电、光伏）	146	146	146	146	146	146	146	146
③	供电区风电装机	10	10	20	20	20	20	20	20
④	供电区集中式光伏装机	20	20	30	30	30	30	30	30
⑤	地方电厂出力	73	73	73	73	73	73	73	73
⑥	外区转供本区35 kV及以下负荷	10	10	10	10	10	10	10	10
⑦	110kV及以上用户变直供负荷	345	345	370	370	370	370	370	370
⑧	220 kV公变直供35 kV及以下负荷	24	30	30	50	50	50	50	50
⑨	需110 kV变电站供电负荷	814	928	1 021	1 091	1 201	1 291	1 361	1 451
⑩	增容前110 kV变电容量	1 337.5	1 437.5	1 687.5	1 937.5	2 137.5	2 287.5	2 487.5	2 676.5
⑪	增容前容载比	1.64	1.55	1.65	1.78	1.78	1.77	1.83	1.84
⑫	扩建、新建变电站容量		100	250	250	200	150	200	189	150
⑬	扩建、新建变电站名称								
⑭	增容后110 kV变电容量	1 437.5	1 687.5	1 937.5	2 137.5	2 287.5	2 487.5	2 676.5	2 826.5
⑮	增容后容载比	1.77	1.82	1.90	1.96	1.90	1.93	1.97	1.95

35 kV电力平衡用于确定规划年所需变电容量及容载比，电力平衡思路与110 kV类似。35 kV电力平衡如表6-4所示。其中：

(1)供电区最高供电负荷：同110 kV电力平衡，等于市(县)全社会用电负荷扣除厂用电及网损后的数值。河南省厂用电及网损在全省层面统一计算，故供电区最高供电负荷取该地区全社会最大供电负荷即可。现状年全社会最大供电负荷以当年发布数据为准。

(2)供电区地方电厂装机：10 kV及以下地方小火电、水电、生物质等装机之和。

(3)供电区风电装机：该区域10 kV风电机组之和。平衡时一般不考虑风电机组。

(4)供电区光伏装机：该区域10 kV光伏装机之和。平衡时一般不考虑分布式光伏发电。

(5)地方电厂出力：现状年取实际值。规划年一般可取装机容量的50%。

(6)110 kV 及以上公变直供 10 kV 负荷:110 kV 及以上公用变电站直接出 10 kV 线路所带的负荷。

(7)需 35 kV 变电站供电负荷:供电区最高供电负荷减 10 kV 及以下地方电厂出力、110 kV 及以上公变直供 10 kV 负荷、35 kV 及以上用户变直供负荷。

(8)增容前 35 kV 容载比:增容前 35 kV 变电容量与需 35 kV 变电站供电负荷之比。

(9)增容后 35 kV 容载比:增容后 35 kV 变电容量与需 35 kV 变电站供电负荷之比。

表 6-4　35 kV 电力平衡

序号	类别	2018 年（现状年取实际值）	2019 年	2020 年	…	2025 年
①	供电区最高供电负荷					
②	供电区地方电厂装机（10 kV,不含风电、光伏）					
③	供电区风电装机(10 kV)					
④	供电区光伏装机(10 kV)					
⑤	地方电厂出力(⑤=②×0.5)					
⑥	35 kV 及以上用户变直供负荷(含牵引站)					
⑦	110 kV 及以上公变直供 10 kV 负荷					
⑧	需 35 kV 变电站供电负荷（⑧=①-⑤-⑥-⑦）					
⑨	增容前 35 kV 变电容量					
⑩	增容前容载比(⑩=$\frac{⑨}{⑧}$)					
⑪	扩建、新建变电站容量					
⑫	扩建、新建变电站名称					
⑬	增容后 35 kV 变电容量(⑬=⑨+⑪)					
⑭	增容后容载比(⑭=$\frac{⑬}{⑧}$)					

示例2 某县属于可适当发展 35 kV 类别,远期打算逐步退运老旧 35 kV 变电站,通过 110 kV 转供实现电压等级优化。2018 年该县全社会供电负荷为 214 MW,地方电厂装机为 10 MW,目前接入 10 kV 光伏装机容量 10 MW,无 10 kV 风电装机。该供电区 110 kV 牵引站变 1 座、35 kV 用户变 1 座,用户变最大负荷合计 20 MW。现状年 3 座 110 kV 变电站直接出 10 kV 线路,最大负荷约 100 MW。根据负荷预测结果及容载比范围进行 35 kV 供电平衡(容载比为 1.8~2),如表 6-5 所示。

表 6-5 某地区电网 35 kV 电力平衡　　　　　　(单位:MW)

序号	类别	2018 年	2019 年	2020 年	2021 年	2022 年	2023 年	2024 年	2025 年
①	供电区最高供电负荷	214	241	261	275	290	306	323	341
②	供电区地方电厂装机(10 kV,不含风电、光伏)	10	10	10	10	10	10	10	10
③	供电区风电装机(10 kV)	0	0	0	0	0	0	0	0
④	供电区光伏装机(10 kV)	10	10	10	10	10	10	10	10
⑤	地方电厂出力	5	5	5	5	5	5	5	5
⑥	35 kV 及以上用户变直供负荷	20	20	20	20	20	20	20	20
⑦	110 kV 及以上公变直供 10 kV 负荷	100	120	120	140	140	180	200	220
⑧	需 35 kV 变电站供电负荷	87	94	114	108	123	99	96	94
⑨	增容前 35 kV 变电容量	150	170	190	200	200	200	190	180
⑩	增容前容载比	1.73	1.81	1.67	1.85	1.63	2.02	1.98	1.91
⑪	扩建、新建变电站容量	20	20	10	0	0	-10	-10	0
⑫	扩建、新建变电站名称								
⑬	增容后 35 kV 变电容量	170	190	200	200	200	190	180	180
⑭	增容后容载比	1.97	2.03	1.76	1.85	1.63	1.92	1.88	1.91

6.2　10 kV 网供负荷与网供配变负荷

6.2.1　10 kV 网供负荷

10 kV 网供负荷是指供电区所有 10 kV 公用线路所供负荷之和的最大

值,用于安排 10 kV 电网新增出线的条数和主干线走向。10 kV 网供负荷预测可从上到下或从下到上进行测算。

从上往下测算方法从 220 kV 网供负荷扣减 35 kV 及以上用户变负荷及 10 kV 专线负荷得出,忽略低压接入分布式电源的影响,计算步骤如表 6-6 所示。其中:

表 6-6　10 kV 网供负荷计算(从上至下测算)

序号	类别	2018 年(现状年取实际值)	2019 年	2020 年	…	2025 年
①	供电区最高供电负荷					
②	110 kV 及以下地方电厂装机(不含风电、光伏)					
③	供电区风电装机(110 kV 及以下)					
④	供电区光伏装机(110 kV 及以下)					
⑤	地方电厂出力(⑤ = ② × 0.5)					
⑥	220 kV 用户变直供负荷(含牵引站)					
⑦	外区转供本区 110 kV 及以下负荷					
⑧	需 220 kV 变电站供电负荷(⑧ = ① − ④ × 0.2 − ⑤ − ⑥ − ⑦)					
⑨	110 kV 用户变负荷					
⑩	35 kV 用户变负荷					
⑪	10 kV 专线负荷					
⑫	10 kV 网供负荷(⑫ = ⑧ − ⑨ − ⑩ − ⑪)					
⑬	需出公线条数⑬ = $\dfrac{⑫}{每条 10 kV 线路所带负荷}$					
⑭	现有 10 kV 公线条数					
⑮	需新增 10 kV 公线条数					

(1)供电区最高供电负荷:同 110 kV 电力平衡,等于市(县)全社会用电负荷扣除厂用电及网损后的数值。河南省厂用电及网损在全省层面统一计算,故供电区最高供电负荷取该地区全社会最大供电负荷即可。现状年全社会最大供电负荷以当年发布数据为准。

(2)110 kV 及以下地方电厂装机:110 kV 及以下地方小火电、水电、生物质等装机之和。

(3)供电区风电装机:该区域 110 kV 及以下风电机组之和。平衡时风电机组一般不参与。

(4)供电区光伏装机:该区域 110 kV 及以下光伏机组之和。平衡时光伏机组出力按 20% 考虑。

(5)地方电厂出力:现状年取实际值。规划年一般可取装机容量的 50%。

(6)需 220 kV 变电站供电负荷:供电区最高供电负荷减去地方电厂出力、光伏发电出力、220 kV 用户负荷、外区转供本区 110 kV 及以下负荷。

(7)10 kV 网供负荷:需 220 kV 变电站供电负荷减去 110 kV 用户变负荷、35 kV 用户变负荷、10 kV 专线负荷。

示例 3 某地地方电厂装机为 24 MW,2021 年预计达到 48 MW,110 kV 及以下风电装机、光伏装机分别为 0 MW、216 MW,预计规划年逐步增加。该供电区 110 kV 用户变 2 座、35 kV 用户变 2 座,用户变最大负荷分别为 40 MW、30 MW。请根据负荷预测结果及电源发展情况范围进行 10 kV 网供负荷测算。

10 kV 网供负荷计算如表 6-7 所示。

由示例可看出,该地区现状年 10 kV 公线资源利用率不高,存在冗余。2019~2020 年优化利用现有资源即可满足 10 kV 网供负荷需求,2021~2025 年新出 33 回 10 kV 公线即可满足负荷增长需求。

当从下往上测算 10 kV 网供负荷时,根据 220 kV、110 kV、35 kV 直供 10 kV 负荷、10 kV 专线负荷得出,忽略低压接入分布式电源的影响,根据规划年 220~35 kV 高压变电站建设情况、变电站出线情况等因素,结合负荷自然增长情况,逐站计算累加测算 10 kV 网供负荷。

表6-7 10 kV网供负荷计算(从上至下测算)　　　　(单位：MW)

序号	类别	2018年	2019年	2020年	2021年	2022年	2023年	2024年	2025年
①	供电区最高供电负荷	300	331	361	405	451	474	498	525
②	110 kV及以下地方电厂装机(不含风电、光伏)	24	24	24	48	48	48	48	48
③	供电区风电装机(110 kV及以下)	0	0	0	74	109	147	187	231
④	供电区光伏装机(110 kV及以下)	216	222	228	230	232	235	237	239
⑤	地方电厂出力	12	12	12	24	24	24	24	24
⑥	220 kV用户变直供负荷(含牵引站)	0	0	0	0	0	0	0	0
⑦	外区转供本区110 kV及以下负荷	0	0	0	0	0	0	0	0
⑧	需220 kV变电站供电负荷	245	275	304	335	381	403	427	454
⑨	110 kV用户变负荷	40	40	40	40	40	40	40	40
⑩	35 kV用户变负荷	30	30	30	30	30	30	30	30
⑪	10 kV专线负荷	50	50	50	50	50	50	50	50
⑫	10 kV网供负荷	125	155	184	215	261	283	307	334
⑬	需出公线条数⑬ = ⑫/每条10 kV线路所带负荷	31	39	46	54	65	71	77	83
⑭	现有10 kV公线条数	50	50	50	50	54	65	71	77
⑮	需新增10 kV公线条数	0	0	0	4	11	6	6	6

10 kV 网供负荷计算(从下至上测算)如表 6-8 所示。

表 6-8　10 kV 网供负荷计算(从下至上测算)

序号	类别	2018 年(现状年取实际值)	2019 年	2020 年	…	2025 年
①	220 kV 公变直供 10 kV 负荷					
②	110 kV 公变直供 10 kV 负荷					
③	35 kV 公变直供 10 kV 负荷					
④	10 kV 专线负荷					
⑤	10 kV 网供负荷（⑤=①+②+③-④）					
⑥	需出公线条数 = $\dfrac{⑤}{每条 10\ kV\ 线路所带负荷}$					
⑦	现有 10 kV 公线条数					
⑧	需新增 10 kV 公线条数					

从下往上测算方法根据 220 kV、110 kV、35 kV 直供 10 kV 负荷、10 kV 专线负荷得出,忽略低压接入分布式电源的影响,计算步骤如表 6-9 所示,其中:

表 6-9　10 kV 网供负荷计算示例(从下至上测算)　　(单位:MW)

序号	类别	2018 年	2019 年	2020 年	2021 年	2022 年	2023 年	2024 年	2025 年
①	220 kV 公变直供 10 kV 负荷	15	15	15	25	25	25	25	25
②	110 kV 公变直供 10 kV 负荷	100	106	112	119	126	134	142	150
③	35 kV 公变直供 10 kV 负荷	40	40	40	40	40	40	40	40
④	10 kV 专线负荷	50	50	50	50	50	50	50	50
⑤	10 kV 网供负荷（⑤=①+②+③-④）	105	111	117	134	141	149	157	165
⑥	需出公线条数 = $\dfrac{⑤}{每条 10\ kV\ 线路所带负荷}$	26	28	29	34	35	37	39	41
⑦	现有 10 kV 公线条数	25	26	28	29	34	35	37	39
⑧	需新增 10 kV 公线条数	1	2	2	4	2	2	2	2

6.2.2 10 kV 网供配变负荷

10 kV 网供配变负荷是指供电区所有公用配变下网负荷之和的最大值，主要用于测算规划年 10 kV 公用配变容量。10 kV 网供配变负荷计算如表 6-10 所示，等于 10 kV 网供负荷减去 10 kV 专变负荷，0.38 kV 上网分布式电源容量较多时应扣除。

表 6-10　10 kV 网供配变负荷计算

序号	类别	2018 年（现状年取实际值）	2019 年	2020 年	…	2025 年
①	10 kV 网供负荷					
②	10 kV 专变负荷					
③	10 kV 网供配变负荷（③=①－②）					
④	所需 10 kV 公用配变容量（④=$\frac{③}{配变负载率}$）					
⑤	现有 10 kV 公用配变容量					
⑥	需新增 10 kV 公用配变容量（⑥=④－⑤）					

示例 4　以某区域为例，计算 10 kV 网供配变负荷及所需新增 10 kV 公用配变容量过程，如表 6-11 所示（配变负载率按 50% 考虑）。

表 6-11　10 kV 网供配变负荷示例　　　　（单位：MW）

序号	类别	2018 年	2019 年	2020 年	2021 年	2022 年	2023 年	2024 年	2025 年
①	10 kV 网供负荷	105	111	117	134	141	149	157	165
②	10 kV 专变负荷	47	50	53	60	64	67	71	74
③	10 kV 网供配变负荷	58	61	64	74	77	82	86	91
④	所需 10 kV 公用配变容量	116	122	128	148	154	164	173	182
⑤	现有 10 kV 公用配变容量	105	116	122	129	148	155	164	173
⑥	需新增 10 kV 公用配变容量	11	6	6	19	6	9	9	9

7 供电网格(单元)网架规划

7.1 目标网架制定

7.1.1 总体思路

配电网供电单元目标网架的总体规划思路是"远近结合、满足标准",从下面几个方面详细论述。

7.1.1.1 差异化特点

从空间上体现了规划的差异化和标准化,对不同用电特性的用户给予恰当的用电资源,在保证用户用电可靠性的前提下,也满足供电企业的经济诉求。

7.1.1.2 标准化特点

以供电单元为单位的目标网架构建,首先考虑各供电单元的商业、居住、行政办公等用地性质,开展远景年的空间负荷预测,并进行开关站、环网柜的布点;其次根据地块的用地性质规划、远景年负荷预测结果以及现状年的发展情况,构建以若干组标准网架为主的供电单元。

7.1.1.3 远近结合的特点

远近结合的规划思想,主要是从时间上体现了配电网规划的延续性。以现状电网为基础,结合电源点的建设时序,构建满足远景负荷及区域未来发展方向的目标网架,避免在完成目标的进程中对电网大拆大建。

7.1.1.4 满足标准的特点

满足标准的规划思想,主要是为了进行科学的规划,利用先进的规划手段落实本指导书"5 配电网规划技术原则"及其他相关规划原则中对于配电网的要求。

7.1.2 目标网架构建流程

供电单元是目标网架构建的最小单位,供电网格目标网架由供电单元目标网架组合而成,供电区域目标网架由供电网格目标网架组合而成,以下介绍供电单元的目标网架构建流程。

一般在进行供电单元划分时,目标网架已同步构建完成。但供电单元划分阶段形成的目标网架较粗糙,需要进一步细化。

以各地块负荷预测为基础,通过配变负载率这一匹配系数可确定地块所需配变容量,结合各地块的配变容量需求,可进行开关站、环网柜的布点规划。

以各地块的负荷预测为基础,结合同时率的选取,可得出供电单元负荷预测,并考虑一定的线路经济负载率,结合各种供电模式的供电能力,可进行线路规模需求测算,再结合廊道资源情况、开关站布点规划、中压组网原则等进行目标网架构建。

供电单元目标网架构建流程如图 7-1 所示。

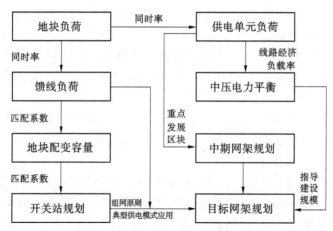

图 7-1　供电单元目标网架构建流程

7.2　过渡方案制订

7.2.1　总体思路

供电单元过渡方案应在近期负荷预测的基础上,明确各供电单元接线随负荷变化的过渡过程,根据区域内变电站建设时序,统筹变电站间隔资源分配,根据配电网发展成熟度,对建成区、规划建设区和自然发展区采用差异化策略。

7.2.2 建成区网架过渡模式

7.2.2.1 建成区配电网结构特点

建成区已经发展成熟,土地利用基本处于饱和状态,负荷发展相对较慢,电网已经发展成熟。现状配电网已基本成型,架空电缆混合线路较多,网架结构联络复杂。政府建设(或城市交通道路、市政工程建设等)已基本完成。

7.2.2.2 建成区网架过渡模式

建成区整体配电网规划应立足于现有网架,在保证现状结构不发生重大变化的基础上,通过网络拓展、用户接入工程以及变电站配套送出等工程不断微调,逐步清晰、明确和优化网架结构。

对于已形成标准接线的供电单元,应按供电区域的规划目标,进一步优化网架,合理调整分段,控制分段接入容量,提升联络的有效性,加强变电站之间的负荷转移,逐步向电缆环网、架空多分段适度联络的目标网架过渡。

对于网架结构复杂、尚未形成标准接线的区域,应按远期目标网架结构,适度简化线路接线方式,取消冗余联络及分段,逐步向标准接线建设改造。

1. A+类供区网架过渡模式

现状复杂接线应逐步简化配电网线路联络方式和层级结构。单环网接线结合变电站新出线工程和用户接入工程逐步形成双环网,不同双环网之间的交叉联络逐步予以解开。

现有的多分段多联络架空线路随着区域市政规划的推进逐步改入地,调整为双环网结构;现有架空电缆混合线路需结合区内架空改入地项目进行网架的再优化,调整为双环网结构。

双环网交叉联络解环示意如图 7-2 所示。

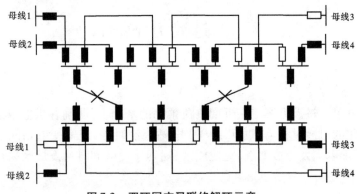

图 7-2 双环网交叉联络解环示意

2. A 类供区网架过渡模式

以目标网架为引导,优先对占用电力资源过剩的地块进行网络优化,理出多余的电力资源。调整资源过剩地块电力资源与资源匮乏的地块线路联络构成单环网或双环网。

对于复杂的电缆网络结构,过渡初期将主要环网柜调整形成主联络环网点,其他环网柜作为次要联络环网点暂时不做调整。后期随着区域内各目标环逐步成型,对次要联络环网点逐步进行解环,以形成标准单环网或双环网。充分利用现有的配电网资源、廊道,尽可能少改动线路路径。在地理条件受限的情况下,后续新建环网柜可作为终端接入主干环网柜,不必一定环入主环。

现有的多分段多联络架空线路随着区域市政规划的推进逐步改入地,调整为单环网结构。区域内架空电缆混合线路需结合区内架空改入地项目进行网架的再优化,调整为单环网或双环网结构。

复杂电缆网解环示意如图 7-3 所示。

3. B 类供区网架过渡模式

采用原有单辐射线路之间建立联络或者新建馈线与其联络方式解决原有现状单辐射式供电线路,将现状单辐射线路调整至单环网或者单联络。

根据分支线的负荷大小,按照由大到小的顺序逐段进行切改,使得单环网或者多分段适度联络结构能够满足供电安全标准评估。

以电缆网为主,10 kV 线路正常运行大负荷电流控制在其安全电流 50%以内的原则予以简化,终形成单环网标准网架。

原有单辐射线路之间建立联络示意如图 7-4 所示。

新建线路与原有单辐射线路建立联络示意如图 7-5 所示。

重过载线路负荷切改示意如图 7-6 所示。

4. C 类供区网架过渡模式

采用原有单辐射线路之间建立联络或者新建馈线与其联络方式解决原有现状单辐射式供电线路,将现状单辐射线路调整至单联络。

根据分支线的负荷大小,按照由大到小的顺序逐段进行切改,使得多分段适度联络结构能够满足供电安全标准评估。

以架空线为主,10 kV 线路正常运行大负荷电流控制在其安全电流 50%以内的原则予以简化,最终形成多分段单联络、多分段适度联络标准网架。

5. D 类供区网架过渡模式

对可靠性有一定要求区域,解开现状架空线路分支线之间无效联络,按照主干线"首尾相接"原则构建单联络网架。对可靠性无要求地区,按照目标网

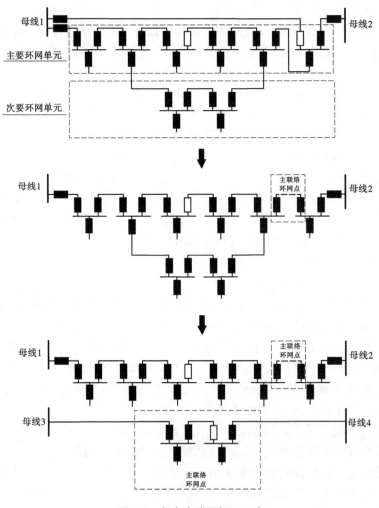

图 7-3 复杂电缆网解环示意

架构建。

7.2.3 规划建设区网架过渡模式

7.2.3.1 规划建设区配电网结构特点

规划建设区发展规划明确,远景负荷明确,区域内负荷发展速度较快,是近期主要的负荷增长点。配电网表现为现状配电网初具规模,但仍处于成长期,架空电缆混供现象严重、网架结构薄弱情况突出。

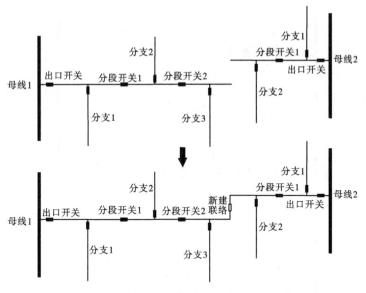

图 7-4 原有单辐射线路之间建立联络示意

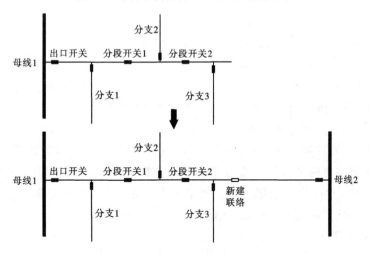

图 7-5 新建线路与原有单辐射线路建立联络示意

7.2.3.2 规划建设区网架过渡模式

规划建设区配电网建设可按照政府建设时序一次性成型,在固化现有线路运行方式的基础上,结合变电站资源、用户用电时序、市政配套电缆沟建设情况、中压线路利用率等因素按照投资小、后期建设浪费少的原则逐步向电缆环网、架空多分段适度联络网架过渡。

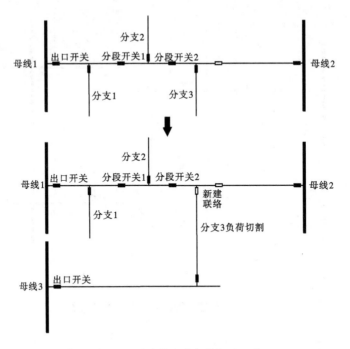

图 7-6　重过载线路负荷切改示意

1. A+类供区网架过渡模式

新建区按照目标网架,一次性建成高可靠性、高标准的双环网结构。建成区通过新建环网柜,将现状电网单环网结构调整至双环网。

2. A类供区网架过渡模式

新建区域按照双环网或单环网接线方式建设。按照"先有网后有负荷"思路,先期在负荷增长点区域构建双环网或单环网结构,布点环网柜,并环入主环。建成区由于发展相对成熟,网架过渡方案将进行重新调整,通过新建环网柜,将现状单辐射、双辐射接线调整至双环网或单环网结构。

3. B类供区网架过渡模式

电缆网按照单环网接线方式建设,主要为居民、商业用户供电。按照"先有网后有负荷"思路,先期在负荷增长点区域构建单环网结构,布点环网柜。

当单环网尚未形成时,可与现有架空线路暂时手拉手,随着区域市政规划的推进逐步改入地,调整为单环网结构。

架空网按照架空线路手拉手接线环网,主要为工业用户供电。线路的大负载率不超过50%。

4. C 类供区网架过渡模式

新建区域架空网先期按照架空线路多分段单联络接线建设,线路的大负载率不超过 50%,随着负荷发展,并逐步调整至架空多分段适度联络。

建成区以架空线为主,10 kV 线路正常运行大负荷电流控制在其安全电流 50% 以内的原则予以简化,最终形成多分段单联络、多分段适度联络标准网架。

5. D 类供区网架过渡模式

对可靠性有一定要求区域,解开现状架空线路分支线之间无效联络,按照主干线"首尾相接"原则构建单联络网架。对可靠性无要求地区,按照目标网架构建。

7.2.4 自然发展区网架过渡模式

7.2.4.1 自然发展区配电网结构特点

自然发展区发展前景不明确,负荷容易受到政府政策的影响,负荷增长的空间存在不确定性,配电网表现为现状配电网规模较少或基本空白,电源点不足,现状网架以站内自环为主,区外电源点跨区远距离供电等特点。

7.2.4.2 自然发展区网架过渡模式

对于市政规划暂不明确,无法确定负荷增长点的区域,依据供电单元内现状电网分析结论,重点解决电网的突出问题,提升短板指标,并结合负荷发展情况,构建电缆单环网、架空多分段适度联络等标准接线。

1. C 类供区网架过渡模式

按照目标网架,一次性建成架空多分段适度联络结构,条件允许的情况建成电缆单环网结构。

过渡时期,可按照架空线路单联络接线建设,线路的大负载率不超过 50%。待线路负荷率超过 50%,可将两组单联络线路组成一个网络单元,形成多分段适度联络接线。

2. D 类供区网架过渡模式

按照目标网架要求进行构建。

8 规划成效评估

成效分析应按照规划水平年、饱和年分析规划方案实施后配电网改善效果,包含配电网现状问题的解决情况和规划目标完成情况。

(1)地(市)、县(区)评价指标体系由"供电质量、供电能力、网架结构、装备水平、电网运行、电网效益"六个方面共 30 个关键指标组成,如表 8-1 所示。各评价指标释义参考本指导书"3　配电网现状评估"。

表 8-1　地(市)、县(区)电网规划成效指标体系

序号	6 个维度	14 类	30 个详细指标
1	供电质量	供电可靠性	供电可靠率(%)
2		电压质量	综合电压合格率(%)
3	供电能力	110(35) kV 电网供电能力	容载比
4		10 kV 电网供电能力	线路最大负载率平均值(%)
5			配变综合负载率(%)
6			户均配变容量(kVA/户)
7	网架结构	110(35) kV 电网结构	标准接线占比(%)
8			主变 N-1 通过率(%)
9			线路 N-1 通过率(%)
10			单线单变比例(%)
11		10 kV 电网结构	独立供电的单元占比(%)
12			标准接线占比(%)
13			联络率(%)
14			站间联络率(%)
15			线路 N-1 通过率(%)
16			线路供电半径超标比例(%)
17			架空配电线路分段数(段)
18			架空配电线路分支级数(级)

续表 8-1

序号	6个维度	14类	30个详细指标
19	装备水平	110(35) kV 电网装备水平	10 kV 间隔利用率(%)
20		10 kV 电网装备水平	架空线路绝缘化率(%)
21			高损配变占比(%)
22	电网运行	110(35) kV 运行情况	重过载主变占比(%)
23			重过载线路占比(%)
24		10 kV 运行情况	重过载线路占比(%)
25			公用线路平均装接配变容量(MVA/条)
26	电网效益	电能损耗	110 kV 及以下综合线损率(%)
27		投资效益	110 kV 及以下单位投资增供电量(kW·h/元)
28			110 kV 及以下单位投资增供负荷(kW/元)
29		收入效益	售电收入效益评价
30		社会效益	社会经济效益评价

（2）供电网格规划成效评价体系由地（市）、县（区）评价指标体系中选取 23 个指标构成，如表 8-2 所示。不再对单个供电单元进行成效评估。

表 8-2 供电网格电网规划成效指标体系

序号	4个维度	8个方面	23个详细指标
1	供电能力	110(35) kV 电网供电能力	容载比
2		10 kV 电网供电能力	线路最大负载率平均值(%)
3			配变综合负载率(%)
4			户均配变容量(kVA/户)
5	网架结构	110(35) kV 电网结构	标准接线占比(%)
6			主变 N-1 通过率(%)
7			线路 N-1 通过率(%)
8			单线单变比例(%)

续表 8-2

序号	4个维度	8个方面	23个详细指标
9	网架结构	10 kV 电网结构	独立供电的单元占比(%)
10			标准接线占比(%)
11			联络率(%)
12			站间联络率(%)
13			线路 N-1 通过率(%)
14			线路供电半径超标比例(%)
15			架空配电线路分段数(段)
16			架空配电线路分支级数(级)
17	装备水平	110(35) kV 电网装备水平	10 kV 间隔利用率(%)
18		10 kV 电网装备水平	架空线路绝缘化率(%)
19			高损配变占比(%)
20	电网运行	110(35) kV 运行情况	重过载主变占比(%)
21			重过载线路占比(%)
22		10 kV 运行情况	重过载线路占比(%)
23			公用线路平均装接配变容量(MVA/条)

附　录

附录1　县(区)配电网规划报告大纲

1　前　言

1.1　编制目的

围绕建设坚强智能电网发展战略目标,结合本地区发展的实际情况、功能定位和远景目标,明确规划的目的和意义。

1.2　规划范围和年限

1.2.1　规划范围

描述本次规划范围情况,包括规划区范围、电压等级。

1.2.2　规划年限

明确规划基准年、规划水平年和远景展望年。

1.3　编制依据

列出主要依据的文件,通常包括城乡总体规划、国民经济和社会发展规划,以及电网规划、设计和运行应遵循的有关规程、规范和规定等内容。

2　区域概况

2.1　地区发展情况

2.1.1　区域概况

简要描述本次规划区域概况,包括地理位置、土地面积、人口、交通条件、资源优势、产业发展等内容,并给出地理区位示意图。

2.1.2　发展规划情况

结合城市总体规划与控制性详细规划,简述区域土地规划与发展规划情况,主要包括各区块规划土地性质、建设容积率、现状土地利用情况、土地出让情况及开发建设时序、市政设施建设情况等内容。

2.2　供电网格(单元)划分

依据《河南省供电网格(单元)划分原则》,结合本规划区的实际情况,对规划区供电网格(单元)进行划分,描述划分的结果,如附表1所示,明确每个供电网格、供电单元的名称、位置、范围、面积、属性等内容,并给出划分结果示意图。

××区(县)供电单元划分统计如附表2所示。

附表1 ××区(县)供电网格划分结果

序号	供电网格名称	面积(km²)	所属供电区域	含供电单元数量(个)
1	××(编号)			
2	××(编号)			
⋮				

注:供电网格面积为供电面积,所属供电区域填写A+、A、B、C、D。

附表2 ××区(县)供电单元划分统计

供电网格名称	供电单元名称	供电单元面积(km²)	所处发展阶段	现状中压线路条数(条)
××(编号)	××(编号)			

注:供电单元面积为供电面积,所处发展阶段填写规划建成区、规划建设区、自然发展区。

3 配电网现状评估

3.1 地区电网概况

描述规划区概况,包括供电面积、供电可靠率、综合电压合格率、用户数等主要指标情况。

规划区概况信息如附表3所示。

附表3 规划区概况信息

规划区	供电面积(km²)	供电可靠率(RS-3)(%)	综合电压合格率(%)	用户数(户)

3.2 上级电源现状评估

简述现状年110 kV、35 kV电网变电站座数、建设形式、主变台数、变电容量;线路条数、架空线路长度和电缆线路长度规模等。

3.2.1 电网结构

描述现状年110 kV、35 kV电网结构情况,各类电网结构比例,给出现状110 kV、35 kV电网结构拓扑图。

2017年××县(区)110(35)kV电网结构情况如附表4所示。

附表4 2017年××县(区)110(35)kV电网结构情况

供电区域	线路总条数(条)	链式(条)			环网(条)		辐射(条)	
		三链	双链	单链	双环网	单环网	双辐射	单辐射
××区(县)								
其中:A+								
A								
B								
C								

注:1.110(66)kV电网结构包括链式、环网和辐射状结构,不包括变电站的T接和π接方式;
2."条"精确度为整数。

3.2.2 电网设备

3.2.2.1 变电情况

描述现有110 kV、35 kV变电站座数、建设形式、主变台数、容量规模、10 kV出线间隔数等。对变电站进行逐站统计分析。

3.2.2.2 线路设备情况

描述现有110(66)kV线路的条数、敷设方式、线路长度等。对线路进行逐线统计分析。

3.2.2.3 设备运行年限

描述110(66)kV电网变电、线路设备的运行情况,分析设备运行年限分布和健康水平。

3.2.3 运行情况

分析计算110 kV、35 kV电网的容载比,通过N-1校验的主变和线路所占比例情况,分析目前配电网运行情况。

描述变电站主变最大负载率分布情况并简要分析。

描述线路最大负载率分布情况并简要分析。

3.3 中压配电网现状评估

3.3.1 总体情况

分析各供电网格现状年中压配电网的总体情况,从网架结构、设备水平、供电能力、转供能力等方面,结合相关指标对各供电网格进行分析说明。

2017年各供电网格10 kV配电网基本信息如附表5所示。

附表5　2017年各供电网格10 kV配电网基本信息

供电网格	所属供电区域	10 kV线路条数（条）	10 kV线路长度		平均主干线长度（km）	主干平均分段数	绝缘化率（%）	标准接线线路比例（%）	联络率（%）	N-1通过率（%）	10 kV线路平均装接容量（kVA）	10 kV线路最大负载率平均值（%）
			架空（km）	电缆（km）								
××（编号）												
合计												

3.3.2　电网设备

3.3.2.1　中压线路

逐个网格分析中压线路存在的主要问题,如线路供电半径过长、挂接配变容量过多、存在大分支线、故障次数超标问题等。

中压线路情况统计如附表6所示。

附表6　中压线路情况统计

序号	供电网格编号	线路条数（条）		公用线路平均供电半径（km）	公用线路供电半径分布（条）			平均装接容量（MVA）	装接容量＞12 MVA（条）	公用架空线路绝缘化率（%）	公用线路电缆化率（%）	存在大分支的线路数量（条）
		公用	专用		＜3 km	3~5 km	5~15 km	≥15 km				
				长度（km）								
1												
2												
⋮												

不满足要求的线路一览如附表7所示。

附表7　不满足要求的线路一览

线路名称	供电网格编号	分区类型	供电半径(km)	装接容量(kVA)	绝缘化率(%)	有无大分支	导线截面不达标

针对上述存在平均供电半径过长的偏远山区供电网格,开展电源点分布情况深入分析,提出35 kV电源点优化利用建议。

3.3.2.2　中压配变

逐个网格分析中压配变中存在的问题,如老旧配变、高损耗配变、负载率超标、配变低电压问题等。

中压配变情况统计如附表8所示。

附表8　中压配变情况统计

序号	供电网格编号	公用配变						专用配变		配变容量超70%以上数量(台)	配变低电压数量(台)
		台数(台)	容量(MVA)	其中				台数(台)	容量(MVA)		
				节能型配变台数(台)	高损耗配变台数(台)	运行年限超过15年配变台数(台)	配电室(座)	箱变(座)				
1												
2												
⋮												

3.3.2.3　中压开关设备

逐个网格分析开关设备存在的问题,如老旧开关、状态评价不合格的开关等。

中压开关类设备情况统计如附表9所示。

3.3.3　电网结构

3.3.3.1　接线方式

分析供电网格内中压线路组网规范性,梳理中压配电网接线方式不合理线路(辐射线路、复杂联络线路、同站联络线路等),综合分析其形成原因,并提出解决方案。

附表9　中压开关类设备情况统计

序号	供电网格编号	开关类设施（座）						开关类设备（台）					
		总数	开关站	环网室	环网箱	分支箱	状态评价不合格	运行20年以上	总数	开关柜	柱上开关	跌落式熔断器	状态评价不合格	运行20年以上
1														
2														
⋮														

中压线路接线方式情况统计如附表10所示。

附表10　中压线路接线方式情况统计

序号	线路名称	供电网格编号	接线方式	是否典型接线	是否辐射线路	是否同站线路联络	是否站间联络	是否大于2回线路联络	是否分支线联络
1									
2									
⋮									

3.3.3.2　组网规范性指标

汇总说明每个供电网格内中压配电网的接线方式相关指标，包括中压配电网线路联络率、站间联络比例、平均分段挂接容量、架空线路平均分段数、架空网接线方式、电缆网接线方式等。分析现有接线方式与区域负荷密度的匹配程度，对运行管理的适应性以及对供电可靠性的满足情况，分析存在的问题，给出现状网架拓扑图。

中压线路组网规范性指标统计如附表11所示。

3.3.4　运行情况
3.3.4.1　中压线路负载率

分析供电网格内中压线路负载情况，主要包括线路最大负载率平均值、线路最大负载率等，汇总重过载线路明细，分析供电网格中压线路负载水平指标，并逐条线路分析重过载原因。

中压线路负载情况明细、中压线路重过载情况统计分别如附表12、附表13所示。

附表 11　中压线路组网规范性指标统计

	序号	1	2	…
	供电网格编号			
	线路联络率(%)			
	站间线路联络率(%)			
	典型接线比例(%)			
	平均分段挂接容量(MVA)			
架空网	架空线路数量(条)			
	平均分段数量(段)			
	分段数<2 或>5 线路数量(条)			
	三分段两联络线路数量(条)			
	三分段单联络线路数量(条)			
	辐射式线路数(条)			
电缆网	电缆线路数量(条)			
	双环式线路数量(条)			
	单环式线路数量(条)			
	辐射式线路数量(条)			

注：1.多分段适度联络主要统计分段数为 2~5 段、联络点数量为 1~3 个的情况；
　　2.三双接线纳入双环网统计。

附表 12　中压线路负载情况明细

序号	供电网格编号	线路最大负载率平均值(%)	线路最大负载率(%)	是否存在主干线截面受限	是否存在变电站出线间隔CT变比受限	线损是否达标
1						
2						
⋮						

附表 13　中压线路重过载情况统计

序号	供电网格编号	线路重载比例（%）	线路最大负载率70%以上线路数量（条）	线路最大负载率90%以上线路数量（条）	线路最大负载率100%以上线路数量（条）	连续两年线路最大负载率70%以上线路数量（条）	重过载线路主干线截面受限比例（%）	重过载线路变电站出线间隔CT受限比例（%）	线损达标率（%）
1									
2									
⋮									

3.3.4.2　中压配变负载率

分析供电网格内中压配变负载情况，统计配变平均负载率、重过载配变比例等，分析网格内配变负载水平，找出重过载配变形成的主要原因，提出相应的解决方案。

中压配变负载水平指标统计如附表 14 所示。

附表 14　中压配变负载水平指标统计

序号	供电网格编号	配变数量	配变平均负载率（%）	配变重过载比例（%）	负载率80%~100%配变数量（台）	负载率80%~100%配变数量占比（%）	负载率100%以上配变数量（台）	负载率100%以上配变数量占比（%）
1								
2								
⋮								

3.3.4.3　转供能力分析

根据线路联络情况、最大电流（线路的 N-1 负荷建议按照负荷实测日负荷计算）统计结果、线路 CT 变比以及夏季、冬季电流限额等几项参数对中压线路进行 N-1 校核，分析供电网格中压线路转供能力指标，汇总 N-1 校核不通过的线路明细，并逐条线路开展原因分析。

转供能力指标统计如附表 15 所示。

附表15 转供能力指标统计

序号	供电网格编号	线路数量	线路满足 N-1 比例(%)
1			
2			
⋮			

N-1校核未通过的中压线路明细如附表16所示。

附表16 N-1校核未通过的中压线路明细

序号	线路名称	供电网格编号	是否辐射线路	线路本身或联络线路是否存在重过载问题	可转移负荷比例(%)
1					
2					
⋮					

3.3.5 存在问题分析

以中压线路为单位,给出中压配电网现状评估结果,如附表17所示。

附表17 2017年中压配电网评估分析结果

序号	线路名称	所属变电站	所属供电区域	所属供电网格	评估分析结果							
					过载	重载	单辐射	非标准接线	不满足N-1	供电半径过长	装接配变容量超过12 MVA	主干导线截面不合格	运行年限过长
				××(编号)									

4 电力需求预测

4.1 负荷特性分析

分析现状居民、商业、工业、办公等主要负荷类型的负荷特性,并绘制不同用电类型的负荷特性曲线。

4.2 负荷构成分析

结合控制性详细规划以及供电网格(单元)划分结果,分析各供电网格(单元)现状及规划年负荷构成,给出不同类型负荷占比,并分析其变化趋势。

4.3 全社会用电量预测

采用至少2种方法进行规划区的全社会用电量总量预测。

4.4 负荷预测思路及方法

结合不同类型地区的特点,选取不同方法进行规划水平年和饱和年的负荷预测。推荐采用以下方法进行预测。

4.4.1 城市

采用空间负荷预测方法对市区、县城区进行饱和年负荷预测,采用"自然增长+大用户"法进行近期负荷预测。

4.4.2 乡镇

采用空间负荷预测方法或户均容量法进行城镇饱和年负荷预测,采用"自然增长+大用户"的负荷预测方法对城镇进行电力负荷预测。

4.4.3 产业园区

采用空间负荷预测方法进行饱和年负荷预测,采用空间负荷预测法或"自然增长+大用户"法进行近期负荷预测。

4.4.4 农村

采用户均容量法进行饱和年负荷预测,采用自然增长率法对农村地区进行电力负荷预测。

4.5 负荷预测结果

分供电网格和供电单元开展规划水平年和饱和年的负荷预测工作,并给出负荷预测结果。

供电网格及供电单元负荷预测情况如附表18所示。

附表18 供电网格及供电单元负荷预测情况

供电网格名称	供电单元名称	现状年负荷(MW)	2019年负荷(MW)	2020年负荷(MW)	2025年负荷(MW)	饱和年负荷(MW)
××（编号）	××（编号）					
	××（编号）					
	同时率					
	小计					
××（编号）	××（编号）					
	××（编号）					
	同时率					
	小计					
同时率						
合计						

5 规划目标与技术原则

5.1 规划目标

依据一流现代化配电网建设要求，结合规划区配电网现状及负荷预测结果，提出配电网主要技术指标的规划目标。结合供电网格（单元）的不同特点和差异化需求，提出差异化规划目标。

5.2 规划重点

依据规划目标要求，结合供电网格（单元）的不同特点和差异化需求，说明规划重点，应包括目标网架的构建思路、网架优化策略、现状问题解决措施等方面。

5.3 技术原则

结合规划目标要求，依据国家电网公司及省公司有关规划技术原则，说明本次规划的主要技术原则。

6 高压配电网规划

6.1 电源规划方案

根据政府部门提供的信息,介绍 2018~2025 年规划接入 110 kV 及以下配电网新投产电源情况以及退役机组情况,为分电压等级电力平衡提供依据。

××县(区)接入 110 kV 及以下配电网的电源装机情况如附表 19 所示。

附表 19　××县(区)接入 110 kV 及以下配电网的电源装机情况

电压等级	电源类型	2018 年	2019 年	2020 年	…	2025 年
110(66) kV	常规电源合计					
	新能源合计					
	其中:光伏发电					
	天然气					
	煤层气					
	风电					
	资源综合利用					
	生物质发电					
	其他类型					
35 kV	常规电源合计					
	新能源合计					
	其中:光伏发电					
	天然气					
	煤层气					
	风电					
	资源综合利用					
	生物质发电					
	其他类型					

续附表 19

电压等级	电源类型	2018 年	2019 年	2020 年	…	2025 年
10 kV 及以下	常规电源合计					
	新能源合计					
	其中:光伏发电					
	天然气					
	煤层气					
	风电					
	资源综合利用					
	生物质发电					
	其他类型					

6.2 电力平衡及网供负荷分析

6.2.1 110 kV 电力平衡及网供负荷分析

依据负荷预测结果,充分考虑 220 kV、110 kV 电网直供负荷、220 kV 直降 35 kV 供电负荷、35 kV 及以下电源等因素,分析预测 110 kV 公用电网供电负荷。

描述电力平衡过程中,各级、各类电源参与电力平衡的基本原则。

××县(区)110 kV 分区分年度网供负荷预测结果如附表 20 所示。

附表 20　××县(区)110 kV 分区分年度网供负荷预测结果

电压等级	供电区域	2017 年	2018 年	2019 年	2020 年	…	2025 年	"十三五"年均增长率(%)	"十四五"年均增长率(%)
110 kV	××供电区								
	其中: A+								
	A								
	B								
	C								

注:1.110(66) kV 网供负荷=全社会用电负荷-厂用电负荷-220 kV 及以上电网直供负荷-110(66) kV 电网直供负荷-220 kV 直降 35 kV 负荷-220 kV 直降 10 kV 负荷-35 kV 及以下上网且参与电力平衡发电负荷;

2.统计单位为"兆瓦",精确度为小数点后两位。

6.2.2　35 kV 电力平衡及网供负荷分析

依据负荷预测结果,充分考虑 220 kV、110 kV、35 kV 电网直供负荷、110 kV 直降 10 kV 供电负荷、10 kV 及以下电源等因素,分析预测 35 kV 公用电网供电负荷。

描述电力平衡过程中,各级、各类电源参与电力平衡的基本原则。

××县(区)35 kV 分区分年度网供负荷预测结果如附表 21 所示。

附表 21　××县(区)35 kV 分区分年度网供负荷预测结果

电压等级	供电区域	2017 年	2018 年	2019 年	2020 年	…	2025 年	"十三五"年均增长率(%)	"十四五"年均增长率(%)
35 kV	××供电区								
	其中:								
	A+								
	A								
	B								
	C								

注:1.35 kV 网供负荷=全社会用电负荷-厂用电负荷-35 kV 及以上电网直供负荷-220 kV 直降 10 kV 供电负荷-110 kV 直降 10 kV 供电负荷-35 kV 公用变电站 10 kV 侧上网且参与电力平衡的发电负荷;

2.统计单位为"MW",精确度为小数点后两位。

6.3　变电站规划方案

6.3.1　110 kV 变电容量需求

依托 110 kV 电压等级公用电网网供负荷预测结果,依据技术导则,选择与电力负荷发展速度相适应的变电容载比,并结合分区内现有变电容量,测算分区内变电容量需求。

××县(区)110 kV 分区分年度变电容量需求分析如附表 22 所示。

附表 22　××县(区)110 kV 分区分年度变电容量需求分析

类别	2017 年	2018 年	2019 年	2020 年	…	2025 年	"十三五"年均增长率(%)	"十四五"年均增长率(%)
网供负荷(MW)								
变电站座数(座)								

续附表 22

类别	2017 年	2018 年	2019 年	2020 年	…	2025 年	"十三五"年均增长率（%）	"十四五"年均增长率（%）
主变台数（台）								
变电容量（MVA）								
容载比								-

注：1."MW""容载比"精确度为小数点后两位；
2."MVA"精确度为小数点后三位，"台""座"精确度为整数。

6.3.2　35 kV 变电容量需求

依托 35 kV 电压等级公用电网网供负荷预测结果，依据技术导则，选择与电力负荷发展速度相适应的变电容载比，并结合分区内现有变电容量，测算分区内变电容量需求。

××县(区)35 kV 分区分年度变电容量需求分析如附表 23 所示。

附表 23　××县(区)35 kV 分区分年度变电容量需求分析

类别	2017 年	2018 年	2019 年	2020 年	…	2025 年	"十三五"年均增长率（%）	"十四五"年均增长率（%）
网供负荷（MW）								
变电站座数（座）								
主变台数（台）								
变电容量（MVA）								
容载比								-

注：1."MW""容载比"精确度为小数点后两位；
2."MVA"精确度为小数点后三位，"台""座"精确度为整数。

6.3.3 变电站分区布点规划

结合规划水平年分区新增变电容量需求、现有变电站分布和供电范围情况、分区负荷密度及供电面积等数据,依据规划设计原则,确定新、扩建变电站的规模及数量,并结合供电区情况,论述变电站建设的必要性,并重新划分变电站供电范围,进而获得规划水平年变电站的规划布点,提供变电站供电范围示意图。

6.3.4 供电区容载比校核

综合各分区变电容量需求预测结果,对规划期内全县(区)容载比进行校核。

6.3.5 变电新、扩建及改造规模

简要描述新、扩建变电站的座数和新增变电容量情况。

根据现有变电设备的运行年限和健康水平,结合系统条件,论述规划变电站分年度改造方案,估算改造工程规模,列表说明变电站、主变及断路器等主要工程量,并简要描述其他工程量情况或典型项目。

××县(区)110/35 kV电网规划新扩建及改造变电工程规模如附表24所示。

6.4 网架规划

结合110 kV、35 kV电网结构、变电站布点等,规划线路工程规模。依托市政规划要求,针对电缆线路,简要说明电网建设要求和具体敷设方式(包括直埋、排管、沟道、隧道、共同沟等形式)等。

6.4.1 网架结构规划

依据规划设计导则,根据变电站布点和容量布置,论述110 kV、35 kV电网结构,确定线路导线截面选取原则。给出规划期间110 kV、35 kV电网地理接线图。

6.4.2 线路通道规划

论述规划线路通道规划成果。

6.5 线路建设规模

论述110 kV、35 kV线路新建规模,简要描述规划期间新增线路长度,以及电缆线路所占比例情况。计算分析平均单条线路长度指标。

根据现有线路设备的运行年限和设备健康水平,结合系统条件,规划线路工程分年度改造方案,描述电缆线路和架空线路改造规模。

××县(区)110/35 kV电网规划新建及改造线路工程规模如附表25所示。

附表24 ××县(区)110 kV电网规划新扩建及改造变电工程规模

供电区域	项目	2017年			2018年			2019年			2020年			"十三五"合计			2021年			2022年			2023~2025年			"十四五"合计		
		新建	扩建	改造	新建	扩建	改造	新建	扩建	改造	新建	扩建	改造	新建	扩建	改造	新建	扩建	改造	新建	扩建	改造	新建	扩建	改造	新建	扩建	改造
××供电区	变电站(座)																											
	变压器(台)																											
	变电容量(MVA)																											
	净增容量(MVA)		—			—			—			—			—			—			—			—			—	
	10 kV间隔(个)																											
其中:A+	变电站(座)																											
	变压器(台)																											
	变电容量(MVA)																											
	净增容量(MVA)		—			—			—			—			—			—			—			—			—	
	10 kV间隔(个)																											

续附表 24

供电区域	项目	2017年			2018年			2019年			2020年			"十三五"合计			2021年			2022年			2023~2025年			"十四五"合计		
		新建	扩建	改造	新建	扩建	改造	新建	扩建	改造	新建	扩建	改造	新建	扩建	改造	新建	扩建	改造	新建	扩建	改造	新建	扩建	改造	新建	扩建	改造
A	变电站(座)																											
	变压器(台)																											
	变电容量(MVA)																											
	净增容量(MVA)	—												—												—		
	10 kV间隔(个)																											
B	变电站(座)																											
	变压器(台)																											
	变电容量(MVA)																											
	净增容量(MVA)	—												—												—		
	10 kV间隔(个)																											

续附表 24

供电区域	项目	2017年			2018年			2019年			2020年			"十三五"合计			2021年			2022年			2023~2025年			"十四五"合计		
		新建	扩建	改造	新建	扩建	改造	新建	扩建	改造	新建	扩建	改造	新建	扩建	改造	新建	扩建	改造	新建	扩建	改造	新建	扩建	改造	新建	扩建	改造
C	变电站（座）																											
	变压器（台）																											
	变电容量（MVA）																											
	净增容量（MVA）	—	—		—	—		—	—		—	—		—	—		—	—		—	—		—	—		—	—	
	10 kV间隔（个）																											

注：1. 本表规模为当年新增规模，下同；
2. 新扩建工程不含主变增容；
3. 改造工程包含主变增容，改造工程中变电容量为改造后主变容量；
4. 10 kV间隔的新建和扩建分别对应变电站新建工程和扩建工程，改造工程不单独统计出线间隔；
5. "MVA"精确度为小数点后三位，"台""座""个"精确度为整数。

附表 25 ××县(区)110/35 kV 电网规划新建及改造线路工程规模

供电区域	项目		2017 年		2018 年		2019 年		2020 年		"十三五"合计		2021 年		2022 年		2023~2025 年		"十四五"合计	
			新建	改造	新建	改造	新建	改造	新建	改造	新建	改造	新建	改造	新建	改造	新建	改造	新建	改造
××供电区	线路条数(条)	架空																		
		电缆																		
	线路长度(km)	架空																		
		电缆																		
	单条线路平均长度(km)																			
其中:A+供电区	线路条数(条)	架空																		
		电缆																		
	线路长度(km)	架空																		
		电缆																		
	单条线路平均长度(km)																			

续附表 25

供电区域	项目		2017年		2018年		2019年		2020年		"十三五"合计		2021年		2022年		2023~2025年		"十四五"合计	
			新建	改造	新建	改造	新建	改造	新建	改造	新建	改造	新建	改造	新建	改造	新建	改造	新建	改造
A	线路条数(条)	架空																		
		电缆																		
	线路长度(km)	架空																		
		电缆																		
	单条线路平均长度(km)																			
B	线路条数(条)	架空																		
		电缆																		
	线路长度(km)	架空																		
		电缆																		
	单条线路平均长度(km)																			

续附表 25

供电区域	项目		2017年		2018年		2019年		2020年		"十三五"合计		2021年		2022年		2023~2025年		"十四五"合计	
			新建	改造	新建	改造	新建	改造	新建	改造	新建	改造	新建	改造	新建	改造	新建	改造	新建	改造
C	线路条数（条）	架空																		
		电缆																		
	线路长度（km）	架空																		
		电缆																		
	单条线路平均长度（km）																			
D	线路条数（条）	架空																		
		电缆																		
	线路长度（km）	架空																		
		电缆																		
	单条线路平均长度（km）																			

6.6 对上一级电网的建议

结合地区 110 kV、35 kV 电网建设需求和规划方案,进一步提出对上一级电网发展的建议,满足配电网供电电源点的需要,促进主配网协调发展。

7 中压目标网架规划

7.1 目标网架规划总体情况

在饱和年空间负荷预测的基础上,以供电网格为单位开展 10 kV 主干线路目标网架规划,在此基础上细化各供电单元饱和年目标网架,并提出过渡年网架规划方案。

各供电网格饱和年目标网架规划结果汇总如附表 26 所示。

附表 26 各供电网格饱和年目标网架规划结果汇总

供电网格名称	供电单元名称	2020年目标网架达成情况	饱和年目标网架(组)				
			双环网	单环网	多分段三联路	多分段两联络	多分段单联络
×× (编号)	×× (编号)	是/否					
	×× (编号)						
×× (编号)							
合计		—	—				

7.2 供电网格目标网架规划方案

以供电网格为单位,从区域概况、电网现状、负荷预测、目标网架、过渡方案、项目方案明细等方面,对规划成果进行详细说明。

(注:以下表格为参考样例,可结合本地区规划工作开展实际进行调整)。

7.2.1 ××供电网格

7.2.1.1 区域概况

描述供电网格范围,说明供电网格所包含的供电单元情况,分析建设情况以及发展阶段等信息,并附控规图。

7.2.1.2 电网现状

分析本供电网格现状年中压配电网的总体情况,从网架结构、设备水平、供电能力、转供能力等方面，结合相关指标对各供电网格进行分析说明，并给出本网格线路问题清单。

××(编号)网格中压配电网问题清单如附表27所示。

附表27 ××(编号)网格中压配电网问题清单

序号	线路名称	所属变电站	所属供电区域	所属供电单元	问题清单							
					过载	重载	单辐射	非标准接线	不满足"N-1"	供电半径过长	装接配变容量超过12MVA	主干导线截面不合格	运行年限过长
				××(编号)									

7.2.1.3 负荷预测

引用第4章的负荷预测结果。

××(编号)供电网格近中期中压负荷预测结果如附表28所示。

附表28 ××(编号)供电网格近中期中压负荷预测结果

供电网格名称	供电单元名称	现状年负荷(MW)	2019年负荷(MW)	2020年负荷(MW)	饱和年负荷(MW)
××(编号)	××(编号)				
	××(编号)				
	同时率				
	小计				

7.2.1.4 目标网架

描述本供电网格中各供电单元的目标网架结构的构建结果，说明标准接线网架构建、负荷转供能力等情况，并给出饱和年供电网格中压目标网架电气联络示意图和地理接线图。

××(编号)供电网格目标年中压网架情况如附表29所示。

7.2.1.5 过渡方案

描述供电网格内各供电单元向目标网架的过渡具体思路和方案，说明现状问题的解决情况，并给出2018年、2020年、2025年供电网格中压电气联络示意图和地理接线图。

附表29 ××(编号)供电网格目标年中压网架情况

供电单元名称	网架类型	联络	有效联络	满足 N-1
××(编号)				

××(编号)供电网格中压配电网问题解决情况如附表30所示。

附表30 ××(编号)供电网格中压配电网问题解决情况

序号	线路名称	现状网架	存在问题	过渡网架	解决问题
例:××线		电缆架空混合网	1.联络冗余问题; 2.分段不合理; 3.供电半径过长	电缆架空混合网	1.去除冗余联络[××线(××小区联络开关)]; 2.增加分段[0A109-15#杆增加分段开关]; 3.供电半径过长[0A108-01#杆后段负荷由新建1#线转带]

7.2.1.6 规划项目情况

依据供电网格目标网架规划结果,以供电单元为单位列举具体规划项目。

××(编号)供电网格10 kV 项目清册如附表31所示。

附表31 ××(编号)供电网格10 kV 项目清册

序号	项目名称	供电单元	城(农)网	项目类型	建设规模					估算投资(万元)	项目属性	投产年份
					电缆线路长度(km)	架空线路长度(km)	环网室(箱)(座)	开关站(座)	柱上开关(台)			
		××(编号)		新建(改造)								

7.2.2 ××供电网格

同 7.2.1 对区域各个供电网格逐一展开说明(此处省略)。

7.3 电力廊道规划

依据目标网架规划,提出各供电网格电力廊道规划结果及廊道需求时序。

××规划区廊道规划如附表 32 所示。

附表 32 ××规划区廊道规划

序号	道路名称	建设起始点	排管孔数	长度(km)	年份

8 投资估算及成效分析

8.1 建设规模汇总

统计汇总规划区内新建改造架空线、电缆、环网室、环网箱、柱上开关等工程规模。

××区(县)配电网建设工程量汇总如附表 33 所示。

附表 33 ××区(县)配电网建设工程量汇总

供电网格	项目	2018年	2019年	2020年	2021~2025年	2025至饱和年	合计
××(编号)	中压架空线路(km)						
	中压电缆线路(km)						
	开关站(座)						
	环网单元(座)						
	柱上开关(台)						
⋮							
合计	—						

8.2 投资估算

依据规划方案建设规模和投资单价,以供电网格为单位计算和说明规划投资情况。

××区(县)规划投资情况如附表 34 所示。

附表34 ××区(县)规划投资情况 (单位:万元)

供电网格	2018年	2019年	2020年	2021~2025年	2025至饱和年	合计
××(编号)						
⋮						
合计						

8.3 规划成效分析

以供电单元为基本单位,参照现状配电网存在的主要问题,分别从电网结构、装备水平、供电能力、供电质量等方面,分析主要规划指标的提升情况。

××区(县)10 kV电网规划成效如附表35所示。

附表35 ××区(县)10 kV电网规划成效

供电网格名称	年份(年)	电网结构			装备水平		供电能力		供电质量		线损率(%)
		10 kV线路联络率(%)	10 kV线路平均供电半径(km)	10 kV线路平均分段数	10 kV线路电缆化率(%)	10 kV架空绝缘化率(%)	10 kV线路最大负载率平均值(%)	变电站平均负荷转供比例(%)	供电可靠率(%)	综合电压合格率(%)	
××(编号)	2017										
	2020										
	2025										
	饱和年										
⋮											

9 结论和建议

9.1 主要结论

总结本次供电网格(单元)配电网规划的主要结论。

9.2 相关建议

针对供电网格(单元)规划方法及配电网建设面临的实际问题提出建议。

附录2 规划成果体系

一区一册,一网格一方案。

(1)以地(市)为单位编制配电网规划总报告。

(2)以县(区)为单位,开展现状电网分析、编制区域目标网架方案、进行区域规划成效分析,安排配电网建设和改造计划,形成分区报告。

(3)以供电单元为单位,开展空间负荷预测,分析区域负荷特性、开展编制网格规划方案。

附录3 供电可靠性分析与计算

1 研究的理论基础

1.1 可靠性计算常用方法

目前,有关配电系统可靠性预测评估的方法很多,有故障模式后果分析法、可靠度预测分析法、状态空间图评估法、近似法及网络简化法等。总体来说,可靠性计算常用方法主要分为解析法和模拟法两种。

解析法是根据电力系统元件的随机参数,建立系统的可靠性数学模型,通过故障枚举法进行状态选择,用解析的方法计算可靠性指标,解析法的计算相对比较简单,求解速度较快,便于事件针对性分析。但对于大规模电力系统,当模型考虑的因素较多时,解析法将面临难以克服的"计算灾"难题。

模拟法主要指模特卡罗法,它以配电系统各元件的可靠性数据为前提,通过计算机模拟随机出现的各种系统运行状态,从大量的模拟实验结果中汇总得出系统可靠性指标,也可采用抽样的办法进行状态选择,根据负荷输配电元件以及气候条件等的概率分布,用统计的办法计算出可靠性指标,它能够计及相关事件的影响,考虑参数的时变特性,适合求解比较复杂的系统。为满足精度要求,计算时间较长,因此它不便于进行有针对性的分析。

1.2 故障模式后果分析法

目前使用较为广泛,并经实践证明较为切合实际,能够反映配电系统结构和运行特性的是以元件组合关系为基础的故障模式后果分析法。故障模式后果分析法(FMEA 英文全称为 Failure Mode and Effect Analysis)首先列出系统全部可能的状态,以段作为负荷转移的最小单位,以每一个线路元件为对象,分析每一个基本故障事件及其后果,然后利用元件可靠性数据,如故障率、故障恢复时间等,选择某些合适的故障判据对系统的所有状态进行分析,建立故障模式后果表,查清每个基本故障事件及其后果,最后加以综合,求出系统的可靠性指标。

数学描述从分析一次故障事件入手,发生故障后,首先将断路器、分段开关拉闸,查找故障所在段,然后对故障段隔离进行故障排除,断路器、分段开关闭合,故障段之前负荷由母线恢复供电。其余部分负荷与故障事件相关联的停运时间,在负荷能转移到联络线时等于联络开关操作时间,在负荷不能转移时则等于元件故障排除时间。

馈线上可能有变压器、开关、线路三类元件故障,考虑一段上所有可能出现的故障事件,结合元件可靠性数据,得到一段上(假设为第 k 段)所有故障事件引起的用户停电持续时间:

$$CID_k = \sum_{N=1}^{3} [M_N \times \lambda_N \times (C_1 \times t_a + t_N + C_2 \times t_b)] \quad (\text{附-1})$$

式中 M_N——段上第 N 类元件的台数(线路取平均分段长度,用户变压器取台数,开关一般为一个);

λ_N——第 N 类元件的故障率;

C_1——故障段之前能由母线恢复供电的所有用户数之和;

t_a——出线开关、分段开关操作时间;

t_N——第 N 类元件故障排除时间;

C_2——故障段之后能由联络线恢复供电的所有用户数之和;

t_b——联络开关操作时间。

以此逐一计算馈线中各段的停电时户数,得到一整条馈线的停电时户数,进而得到变电站及整个配电网的停电时户数,以元件组合关系为基础的故障模式后果分析法的指标。可靠性计算流程如附图 1 所示。

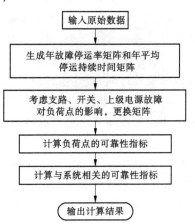

附图 1　故障模式后果分析法流程

2 计算模型及说明

2.1 内容要点

（1）停电模式分为故障停电和预安排停电两类。

（2）配电自动化程度分为已实现和未实现两类。

（3）功能计算分为典型供电单元接线、网格化供电区域两类。

（4）典型供电单元接线，分为电缆、架空两种。电缆分为单环网、双环网；架空分为多分段单辐射、三分段有联络两大类。架空多分段单辐射，分别为三分段单辐射、四分段单辐射、五分段单辐射；三分段有联络，分为三分段单联络、三分段两联络。

2.2 常用计算方法

2.2.1 故障模式下的配电网可靠性

本指导书介绍一种基于故障模式后果分析法的改进算法，采用与传统的配电网可靠性评估方法相反的思路，提出基于由果索因的典型供电单元可靠性评估的算法和模型。该算法首先枚举典型供电单元的负荷点，然后搜索影响负荷点可靠性的元件集合，是一种由果索因的思路。

根据搜索到的元件集合对负荷点停运时间的不同影响，采用广度优先搜索技术分层划分出负荷点的修复域、隔离域、隔离切换域和零域。该算法最明显的优点是采用分层思想，提高计算准确性和缩短计算时间。

（1）修复域：典型供电单元某些区域的元件故障将导致负荷点停运时间为故障元件的修复时间，则这些区域称为修复域，用符号"R"表示。

（2）隔离域：典型供电单元某些区域的元件故障将导致负荷点停运时间为故障隔离时间，则这些区域称为隔离域，用符号"I"表示。

（3）隔离切换域：典型供电单元某些区域的元件故障将导致负荷点停运时间为故障隔离时间加相邻馈线联络开关切换时间，则这些区域称为隔离切换域，用符号"S"表示。

2.2.2 考虑预安排停电的配电网可靠性

考虑了预安排停电下的可靠性计算。预安排停电主要是由检修设备或建设电网对用户造成的停电。转供电实现的概率越大，预安排停电的时间就越少，因此较为完善的配电网中预安排停电时户数往往较小。由于预安排停电是可以预知的，所以检修或施工之前可对停电区域用户进行隔离和转供，以减少预安排停电的范围。检修或施工的节点（即预安排停电节点）必须停电。

分析了预安排停电对配电网可靠性的影响，在故障停电模式的基础上，建立预安排停电的基础参数和数学模型,同样利用遍历法,求取所有故障情况下的系统总的停电次数和停电时户数,将该叠加结果除以系统总用户数,即可得到系统的平均停电次数 SAIFI 和系统的平均停电时间 SAIDI。使得可靠性计算结果和实际的统计结果进一步吻合,扩展工具的实用性应用范围。

2.2.3 配电网网格化规划可靠性

运行中的配电网数据比较齐全,但是在规划网架中,包括用户负荷情况、具体的配电网线路长度、各级分支的情况以及开关的具体数量都是不确定的。在这种情况下,可以对原始数据做简化。现有配电网规划目标网架通常选取几种常用的典型供电模式,对配电网结构、负荷节点和路径进行了简化假设,基于负荷密度,考虑电源点、馈线、配变容量约束进行可靠性计算。

虽然对规划配电网结构做了假设,简化了可靠性计算需要的基础数据,但是计算结果表明,与精确算法的计算结果相近,系统的平均停电次数 SAIFI 和系统的平均停电时间 SAIDI 误差在 3% 之内,并且供电可靠性 RS 误差在小数点 4 位之后,几乎没有误差。对于配电网规划来讲,这个误差在允许范围之内。通过这些假设,简化了数据的存储,大幅度提高了计算效率。

2.3 边界条件参数设置

考虑到计算过程中参数方便,设置了如下模型参数:电网元件的可靠性参数设置、负荷密度和配电网网格电网参数。用户可在分析计算开始之前,先检查设置配电网的基本参数。

2.3.1 可靠性方面

在可靠性计算方面需要设置架空线、电缆、主干线、分支线、负荷开关、分段开关、联络开关、环网站、开关站等设备的故障率,平均修复时间、隔离开关操作时间、备自投动作时间、线路用户配变规模等。

2.3.2 变电站部分

这一部分主要设置变电站数量、容量规模、变电站负载率等。

2.3.3 线路部分

本部分主要设置目标网架规划中,常用的几类不同型号线路的限额电流、输送功率等。

2.4 可靠性分析计算

可靠性计算模型分析计算时,以典型线路及环网供电可靠性为基础,采用概率分析法推算整个样本模型的供电可靠性,计算指标包括。

2.4.1 分段线路的停电时间 T_i

$$T_i = L \cdot f_m \cdot T_M + L_i \cdot f_f \cdot T_f \tag{附-2}$$

式中 T_i——i 分支所在主干线的停电时间;

f_m——主干线故障率;

T_m——主干线故障修复时间;

L_i——i 段分支线的长度;

f_f——分支故障率;

T_f——分支故障修复时间。

2.4.2 配电网供电可靠率 ASAI(Average Serverice Availability Index)

$$ASAI = \left(1 - \frac{用户平均停电时间}{统计期间时间}\right) \times 100\% = \left(1 - \frac{\Sigma N_i \cdot T_i}{N_总 \times 8\,760}\right) \times 100\%$$

式中 N_i——第 i 段线路的用户数;

T_i——第 i 段线路的停电时间;

$N_总$——线路上总的用户数。

2.4.3 配电网每次故障平均持续时间 SAIDI(System Average Interruption Duration Index)

$$SAIDI = \frac{\Sigma(故障停电时间)}{故障停电次数} = \frac{\Sigma N_i \cdot T_i}{N_总} \quad (h/次) \qquad (附\text{-}3)$$

2.4.4 区域可靠性计算

根据划分出的负荷点各区域可得所枚举负荷点的平均故障率、平均修复时间、平均停电时间如下:

$$\lambda_i = \sum_{j=1}^{N_{R_2}} Q_j \lambda_j + \sum_{j=1}^{N_{I_2}} Q_j \lambda_j + \sum_{j=1}^{N_{S_2}} Q_j \lambda_j \qquad (附\text{-}4)$$

$$U_i = \sum_{j=1}^{N_{R_2}} Q_j \lambda_j r_j + \left(\sum_{j=1}^{N_{I_2}} Q_j \lambda_j\right) T_g + \left(\sum_{j=1}^{N_{S_2}} Q_j \lambda_j\right)(T_g + T_S) \qquad (附\text{-}5)$$

$$r_i = \frac{U_i}{\lambda_i} \qquad (附\text{-}6)$$

3 应用实例

3.1 典型供电单元接线可靠性

3.1.1 参数设置

首先,按照河南省电网实际情况,对附表 36(a)中的故障率、平均修复时间、操作时间(出口断路器、分段或联络开关),附表 36(b)中的变电站、线路等进行实际参数设置。

附表36(a) 电网元件的可靠性参数设置1

设备类型	故障率		平均修复时间(h)	操作时间(h)
	单位	值		
电缆	次/(km·年)	0.032 4	6	
架空	次/(km·年)	0.12	3.35	
出口断路器	次/(台·年)	0.001	7.5	1.5
配电变压器	次/(台·年)	0.05	6	
开关站(环网柜)	次/(台·年)	0.009 2	12	
分段或联络开关	次/(台·年)	0.012 4	4	1

附表36(b) 电网元件的可靠性参数设置2

	变电站规模			
变电站部分	台数	容量(MVA)	负载率	地形系数
	3	50	0.5	1.3
线路部分	线路型号	载流限额(A)		
	YJV 22-300	552		
	YJV 22-400	646		
	LGJ-185	400		
	LGJ-240	480		

3.1.2 电缆供电可靠率计算

电缆供电可靠率计算,按照目前配电网规划中常用的典型接线模式,选取单环网、双环网两种接线,分别计算"实现配电自动化""未实现配电自动化"两类方式。

"实现配电自动化"和"未实现配电自动化"的差异,主要在故障定位时间和操作时间上。实现配电自动化后,自动判断故障所在位置,并投切相关断路器、分段开关,倒闸时间按3 s计算。"未实现配电自动化"需要人工查找故障定位,并人工投切相关断路器、分段开关。不同供电区域故障定位时间,如附表36(c)所示,操作时间如附表36(a)所示。

附表36(c)　不同供电区域故障定位时间

供电区域类型	故障定位时间(h)
A+	1
A	1.5
B	2
C、D	2.5

例如,某规划建设中心查看 5 000~30 000 kW/km² 不同负荷密度下,单环、双环不同接线方式,实现配电自动化、未实现配电自动化不同方式下,YJV 22-300、YJV 22-400 两种电缆典型接线的可靠性分布情况,填写完成负荷密度后,点击"计算按钮",即可按照典型接线模式,计算出对应的"供电可靠率""故障平均持续时间"指标,如附表37所示。

附表37　电缆线路供电可靠性

| 电缆型号 | 负荷密度(kW/km²) | 长度(km) | 实现配电自动化 | | | | 未实现配电自动化 | | | |
| | | | 单环 | | 双环 | | 单环 | | 双环 | |
			供电可靠率(%)	故障平均持续时间(min)	供电可靠率(%)	故障平均持续时间(min)	供电可靠率(%)	故障平均持续时间(min)	供电可靠率(%)	故障平均持续时间(min)
YJV 22-400	5 000	11.33	99.999 0	5.42	99.999 0	5.38	99.997 3	14.37	99.997 3	14.37
YJV 22-300	5 000	12.7	99.999 0	5.47	99.999 0	5.43	99.997 1	15.40	99.997 1	15.40
YJV 22-300	15 000	7.33	99.999 0	5.27	99.999 0	5.23	99.997 8	11.35	99.997 8	11.35
YJV 22-300	20 000	6.36	99.999 0	5.24	99.999 0	5.2	99.998 0	10.62	99.998 0	10.62
YJV 22-400	35 000	4.28	99.999 0	5.16	99.999 0	5.12	99.998 3	9.06	99.998 3	9.06

3.1.3　架空线供电可靠率计算

架空线供电可靠率计算,按照目前配电网规划中常用的典型接线模式,选取单辐射(3~5分段)、三分段单联络、三分段两联络三种接线,分别计算"实现配电自动化""未实现配电自动化"两类方式。

例如,架空线选取 LGJ-185、LGJ-240 两种型号,计算 5 000～35 000 kW/km² 不同负荷密度下,不同分段,有联络、无联络不同接线模式,实现配电自动化、未实现配电自动化不同方式下的可靠性。填写架空线型号、负荷密度,完成后,点击"计算按钮",即可按照典型接线模式,计算出对应的"供电可靠率""故障平均持续时间"指标,如附表38、附表39所示。

3.2 供电可靠性敏感因素分析

本部分采用单因素敏感性分析方法,对供电可靠性的影响因素进行量化分析。主要从以下两方面分析:不同电网结构对供电可靠性的影响、不同参数对供电可靠性的影响。

附表38 架空线路供电可靠性(三分段有联络)

型号	负荷密度(kW/km²)	长度(km)	实现配电自动化				未实现配电自动化			
			三分段单联络		三分段两联络		三分段单联络		三分段两联络	
			供电可靠率(%)	故障平均持续时间(min)	供电可靠率(%)	故障平均持续时间(min)	供电可靠率(%)	故障平均持续时间(min)	供电可靠率(%)	故障平均持续时间(min)
LGJ-185	5 000	12.7	99.993 7	32.88	99.996 6	17.98	99.983 5	86.71	99.986 3	38.47
LGJ-240	5 000	10.58	99.994 3	29.89	99.996 9	16.35	99.990 8	48.52	99.993 3	34.97
LGJ-240	15 000	6.11	99.995 3	24.9	99.997 4	13.62	99.992 3	40.42	99.994 5	29.14
LGJ-240	20 000	5.3	99.997 3	14.38	99.998 5	7.86	99.995 6	23.34	99.996 8	16.83
LGJ-240	35 000	4	99.997 6	12.48	99.998 7	6.82	99.996 1	20.25	99.997 2	14.6

3.2.1 不同电网结构下的供电可靠性

由于负荷密度不同,对变电站下级出线线路长度有影响,进而影响线路的供电可靠性。限于篇幅,选取现有参数设置下、同一负荷密度(以 15 000 kW/km² 为例)、计算工具中所列的几类典型供电模式,分析数据如附表40所示。

附表39 架空线路供电可靠性(多分段单辐射)

型号	负荷密度(kW/km²)	长度(km)	实现配电自动化						未实现配电自动化					
			三分段单辐射		四分段单辐射		五分段单辐射		三分段单辐射		四分段单辐射		五分段单辐射	
			供电可靠率(%)	故障平均持续时间(min)	供电可靠率(%)	故障平均持续时间(min)	供电可靠率(%)	故障平均持续时间(min)	供电可靠率(%)	故障平均持续时间(min)	供电可靠率(%)	故障平均持续时间(min)	供电可靠率(%)	故障平均持续时间(min)
LGJ-185	5 000	12.7	99.984 0	84.11	99.985 1	78.32	99.986 7	69.97	99.983 4	87.13	99.984 5	81.73	99.985 1	78.49
LGJ-240	5 000	11.33	99.986 7	70.08	99.987 6	65.25	99.988 9	58.3	99.986 2	72.58	99.987 0	68.09	99.987 6	65.39
LGJ-240	15 000	7.33	99.992 3	40.48	99.992 8	37.7	99.993 6	33.68	99.992 0	41.92	99.992 5	39.32	99.992 8	37.76
LGJ-240	20 000	6.36	99.993 3	35.12	99.993 8	32.7	99.994 4	29.21	99.993 1	36.36	99.993 5	34.11	99.993 8	32.76
LGJ-240	35 000	4	99.995 0	26.52	99.995 3	24.69	99.995 8	22.05	99.994 8	27.44	99.995 1	25.74	99.995 3	24.72

附表40 不同电网结构下的供电可靠性

电网类型	不同电网结构	实现配电自动化		未实现配电自动化	
		供电可靠率(%)	故障平均持续时间(min)	供电可靠率(%)	故障平均持续时间(min)
电缆	单环	99.999 0	5.27	99.997 8	11.35
	双环	99.999 0	5.23	99.997 8	11.35
架空	三分段单联络	99.997 3	14.38	99.995 6	23.34
	三分段两联络	99.998 5	7.86	99.996 8	16.83
	三分段单辐射	99.992 3	40.48	99.992 0	41.92
	四分段单辐射	99.992 8	37.7	99.992 5	39.32
	五分段单辐射	99.993 6	33.68	99.992 8	37.76

由附表40中可以看出,在同一负荷密度、不同供电模式下,不同电网结构下的供电可靠性,电缆网>架空网;电缆网中,单环、双环两种接线模式影响差异较小;架空网中,同一分段数下,随着联络数的增加,供电可靠性水平增加,三分段两联络>三分段单联络。在单辐射供电模式下,随着分段数的增加,供电可靠性水平增加,五分段单辐射>四分段单辐射>三分段单辐射。

3.2.2 不同参数下的供电可靠性

限于篇幅,选取电缆网,以其中的单环网和双环网供电模式为例,且在同一负荷密度($15\,000\,kW/km^2$)下,分析不同参数变化对供电可靠性的影响程度。

3.2.2.1 不同故障率下的供电可靠性

从附表41中可以看出,在同一负荷密度、同一供电模式下,随着故障率水平的升高,供电可靠性水平降低。对供电可靠率的影响,在小数点后第3位。对故障平均持续时间的影响,几乎与故障率倍率相当。在超低故障率水平下,建设配电自动化的效果优势难以有明显呈现。随着故障率水平的升高,实现配电自动化和未实现配电自动化差异越来越显著。

附表41 不同故障率水平下的供电可靠性

不同故障率水平下	电缆型号	负荷密度(kW/km^2)	长度(km)	实现配电自动化				未实现配电自动化			
				单环		双环		单环		双环	
				供电可靠率(%)	故障平均持续时间(min)	供电可靠率(%)	故障平均持续时间(min)	供电可靠率(%)	故障平均持续时间(min)	供电可靠率(%)	故障平均持续时间(min)
0.5倍故障率	YJV 22-300	15 000	7.33	99.999 5	2.56	99.999 5	2.55	99.998 9	5.63	99.998 9	5.63
当前故障率	YJV 22-300	15 000	7.33	99.999 0	5.27	99.999 0	5.23	99.997 8	11.35	99.997 8	11.35
2倍故障率	YJV 22-300	15 000	7.33	99.997 9	11.16	99.997 9	11	99.995 6	23.12	99.995 6	23.12

3.2.2.2 不同修复时间下的供电可靠性

从附表42中可以看出,在同一负荷密度、同一供电模式下,随着修复时间的延长,供电可靠性水平降低。对供电可靠率的影响,在小数点后第3位。对故障平均持续时间的影响,几乎与故障率倍率相当。同一修复时间下,实现配电自动化和未实现配电自动化影响差异不明显。

3.2.2.3 不同操作时间下的供电可靠性

从附表43中可以看出,不同操作时间对实现配电自动化的供电可靠性指标,几乎没有影响。对未实现配电自动化的供电可靠率的影响,在小数点后第3位。随着操作时间的增加,故障平均持续时间增大。

附表 42　不同修复时间下的供电可靠性

不同修复时间	电缆型号	负荷密度(kW/km²)	长度(km)	实现配电自动化				未实现配电自动化			
				单环		双环		单环		双环	
				供电可靠率(%)	故障平均持续时间(min)	供电可靠率(%)	故障平均持续时间(min)	供电可靠率(%)	故障平均持续时间(min)	供电可靠率(%)	故障平均持续时间(min)
0.5 倍修复时间	YJV 22-300	15 000	7.33	99.999 5	2.64	99.999 5	2.62	99.998 3	8.77	99.998 3	8.77
当前修复时间	YJV 22-300	15 000	7.33	99.999 0	5.27	99.999 0	5.23	99.997 8	11.35	99.997 8	11.35
2 倍修复时间	YJV 22-300	15 000	7.33	99.998 0	10.55	99.998 0	10.47	99.996 9	16.53	99.996 9	16.53

附表 43　不同操作时间下的供电可靠性

不同操作时间	电缆型号	负荷密度(kW/km²)	长度(km)	实现配电自动化				未实现配电自动化			
				单环		双环		单环		双环	
				供电可靠率(%)	故障平均持续时间(min)	供电可靠率(%)	故障平均持续时间(min)	供电可靠率(%)	故障平均持续时间(min)	供电可靠率(%)	故障平均持续时间(min)
0.5 倍操作时间	YJV 22-300	15 000	7.33	99.999 0	5.27	99.999 0	5.23	99.998 4	8.26	99.998 4	8.26
当前操作时间	YJV 22-300	15 000	7.33	99.999 0	5.27	99.999 0	5.23	99.997 8	11.35	99.997 8	11.35
2 倍操作时间	YJV 22-300	15 000	7.33	99.999 0	5.27	99.999 0	5.23	99.996 7	17.53	99.996 7	17.53

3.2.3　不同影响因素的供电可靠性影响程度

从附表 44 中可以看出,影响供电可靠性停电时间的三个因素中,在实现配电自动化中,故障率>修复时间>操作时间;在未实现配电自动化中,故障率>操作时间>修复时间。

附表44 不同影响因素下的停电时间影响程度 (%)

影响因素	影响参数	实现配电自动化		未实现配电自动化	
		单环	双环	单环	双环
故障率	0.5倍故障率	51.42	51.24	50.40	50.40
	2倍故障率	111.76	110.33	103.70	103.70
修复时间	0.5倍修复时间	49.91	49.90	22.73	22.73
	2倍修复时间	100.19	100.19	45.64	45.64
操作时间	0.5倍操作时间	0.00	0.00	37.41	37.41
	2倍操作时间	0.00	0.00	54.45	54.45

3.3 网格化供电区域可靠性

首先,按照河南省电网实际情况,对附表45中的故障率、平均修复时间、操作时间(出口断路器、分段或联络开关),进行实际参数设置。

附表45 电网元件的可靠性参数设置

设备类型	故障率		平均修复时间(h)	操作时间(h)
	单位	值		
电缆	次/(km·年)	0.032 4	6	
架空	次/(km·年)	0.120 0	3.35	
出口断路器	次/(台·年)	0.001 0	7.5	1.5
配电变压器	次/(台·年)	0.050 0	6.00	
开关站(环网柜)	次/(台·年)	0.009 2	12.00	
分段或联络开关	次/(台·年)	0.012 4	4.00	1.0

其次,根据不同网格配电网电网设备实际,主要包括供电网格名称、供电面积、最大负荷、中压线路条数(条)、电缆线路长度(km)、架空线路长度(km)、断路器(台数)、开关站(环网柜)数量、配变台数(台)、配变总容量

(MVA)等,填写完毕,点击"计算按钮",即可计算该地区的"供电可靠率""故障平均持续时间"指标。

例如,某供电区域有 8 个供电网格,各网格供电面积、最大负荷及电网设备参数各不相同,填写各网格的电网数据,完成之后点击"计算按钮",即可得出各网格的可靠性计算结果,供电可靠率(%)、故障平均持续时间(min),如附表 46 所示。

附表 46　网格供电可靠性计算

区域名称	供电面积（km²）	最大负荷（MW）	中压线路条数（条）	电缆线路长度（km）	架空线路长度（km）	断路器（台数）	开关站（环网柜）数量	配变台数（台）	配变总容量（MVA）	供电可靠率（%）	故障平均持续时间（min）
科技园网格	9.8	14.4	20	100	0	20	15	160	128	99.994 02	31.45
学府北网格	6.7	7.58	4	20	0	4	3	32	25.6	99.993 61	33.56
学府南网格	3.7	7	4	20	0	4	3	32	25.6	99.993 66	33.3
隋唐网格	25	2.7	12	40	15	12	9	56	16.8	99.994 06	31.23
开元北网格	8.6	11.82	8	40	0	8	6	64	51.2	99.993 76	32.81
开元南网格	5.5	13.77	12	60	0	12	9	96	76.8	99.993 87	32.22
关林西网格	6.8	14.99	12	60	0	12	9	96	76.8	99.993 84	32.4
关林东网格	5.2	9.58	4	20	0	4	3	32	25.6	99.993 44	34.46

附录4 规划绘图图例及要求

本要求适用于110 kV及以下电压等级电网地理接线图、地下廊道图、电网拓扑图的图纸绘制。

1 一般绘制规范

1.1 图纸基本要素应包括图号图题、图例、电网概况说明,地理接线图和地下廊道图,还可包括指北针。图纸各基本要素不应相互重叠或覆盖,不应遮盖图面的重要内容。

1.2 图纸命名文字方向应从左至右书写,位置宜选在图面的左上侧。

1.3 图例栏中应列出当前图纸中出现的图例、物理量等相关文字说明,一般位于图面左侧或右侧的合适位置。装订成册的图集,可统一绘制图例。

1.4 电网概况等说明采用文字说明或表格说明,附注在图面左侧或右侧的合适位置。

1.5 指北针的标绘应符合《房屋建筑制图统一标准》(GB/T 50001—2017)的有关规定,位置可选在图纸的右上侧。

1.6 图纸命名应包括图号和图题,按照图号在前、图题在后的方式书写。

1.7 图集图号编排原则应统一,分类按年份依次编排。

1.8 图题应包含绘制范围、年份、电压等级、图纸类型等信息。

1.9 文字标注应完整、准确。单一文字标准宜采用单行文字,同一图形符号的多项文字标注宜上下排列,不应相互压盖。

1.10 变电站、开关站、环网柜等图形符号,可根据图面布置在符号附近标注名称、额定容量等其他需要的信息特征,文字标注方向应与读图方向一致。

1.11 架空线路、电缆线路、管廊、分段联络开关等符号,应沿图形符号方向,选择合适位置标注名称、线缆型号、线路长度等信息。

1.12 当直接标注位置不够时,可采用引线标注,引线应以细实线绘制。

1.13 图形符号的大小可根据图幅的选择情况进行调整,但应与图幅、底图相适应,保证图形符号清晰。

2 地理接线图

2.1 配电网地理接线图应突出表示现状年和规划年不同电压等级电网设施的地理位置分布及网架结构,下衬地理底图。

2.2 10 kV主干网地理接线图应包括中压主干线路、重要分支线路的路径及参数(包含线路名称、型号、长度等),线路重要开关设施(分段、联络)的位置及名称,同级以及有10 kV出线的上一级电源的位置及参数(包含厂站名称及设备容量)。

2.3 地理接线图的底图应简洁清晰、信息完整、绘制准确,应采用淡化底图。10 kV电网地理接线图底图应反映县(区、县级市)、乡镇行政界线及水系、道路、桥梁、居民地等主要地理要素,宜采用淡化路网底图。

2.4 地理接线图常用图形符号见附表47,示意图可参照附图2。

(a)现状年10 kV主干网地理接线图

(b)规划水平年10 kV主干网地理接线图

附图2 地理接线图画法示意

附表47 配电网规划绘图图例

序号	图形及示例	名称	说明
1	◎	现有的 220 kV 变电站	颜色为红(10)，线宽为 0.05 mm
2	◎（虚线）	规划的 220 kV 变电站	颜色为红(10)，线宽为 0.05 mm
3	◉	现有的 110 kV 变电站	颜色为深绿(94)，线宽为 0.05 mm
4	◉（虚线）	规划的 110 kV 变电站	颜色为深绿(94)，线宽为 0.05 mm
5	○	现有的 35 kV 变电站	颜色为黑(250)，线宽为 0.05 mm
6	○（虚线）	规划的 35 kV 变电站	颜色为黑(250)，线宽为 0.05 mm
7	K	现有的开关站（适用于地理接线图）	颜色为蓝(170)

续附表 47

序号	图形及示例	名称	说明
8	K	规划的开关站（适用于地理接线图）	颜色为红(10)
9	H	现有的环网柜（适用于地理接线图）	颜色为蓝(170)
10	H	规划的环网柜（适用于地理接线图）	颜色为红(10)
11	F	现有的分接箱（适用于地理接线图）	颜色为蓝(170)
12	F	规划的分接箱（适用于地理接线图）	颜色为红(10)
13	□	现有的线路开关（适用于地理接线图）	颜色为蓝(170)，线宽为 0.05 mm
14	□	规划的线路开关（适用于地理接线图）	颜色为红(10)，线宽为 0.05 mm
15	———	现有的架空线路	颜色为蓝(170)，线宽为 0.05 mm
16	———	规划的架空线路	颜色为红(10)，线宽为 0.05 mm
17	------	现有的电缆线路	颜色为蓝(170)，线宽为 0.05 mm
18	------	规划的电缆线路	颜色为红(10)，线宽为 0.05 mm
19	P	现有的配电室（适用于地理接线图）	颜色为蓝(170)

续附表47

序号	图形及示例	名称	说明
20		规划的配电室（适用于地理接线图）	颜色为红(10)
21		现有的开关站（适用于电网拓扑图）	颜色为蓝(170)，线宽为0.05 mm
22		规划的开关站（适用于电网拓扑图）	颜色为红(10)，线宽为0.05 mm
23		现有的环网柜（适用于电网拓扑图）	颜色为蓝(170)，线宽为0.05 mm
24		规划的环网柜（适用于电网拓扑图）	颜色为红(10)，线宽为0.05 mm

续附表 47

序号	图形及示例	名称	说明
25	F	现有的分接箱（适用于电网拓扑图）	颜色为蓝(170)
26	F	规划的分接箱（适用于电网拓扑图）	颜色为红(10)
27	S A 3 B	现有的线路开关（适用于电网拓扑图）	颜色为蓝(170)；当开关为闭合状态时（黑色填充），开关图例中字符的颜色变为白色
28	S A 3 B	规划的线路开关（适用于电网拓扑图）	颜色为红(10)；当开关为闭合状态时（黑色填充），开关图例中字符的颜色变为白色
29	P P$_3$ P$_S$ P$_A$	现有的配电室（适用于电网拓扑图）	颜色为蓝(170)
30	P P$_3$ P$_S$ P$_A$	规划的配电室（适用于电网拓扑图）	颜色为红(10)
31	示例：城西变 40+31.5MVA	变电站文字	颜色随变电站图形颜色；字号为 60 号

续附表 47

序号	图形及示例	名称	说明
32	示例:城红线、城红#20 开关、城红#1 环网柜等	配电设施文字	颜色为黑色,字号为 40 号
33	标注	标注	颜色为黑色(250),字号为 40 号
34		综合管廊电力舱	颜色为蓝(170)
35		电力隧道	颜色为深绿(94)
36		电缆沟	颜色为洋红(210)
37		排管	颜色为橘色(30)

注:1.注明适用于地理接线图或电网拓扑图的图例,表示仅适用于相应类型图纸的绘制,未注明的图例表示适用于所有类型图纸的绘制;
2.开关站、环网柜、配电室、线路开关图例上的字符,"3"代表配置了三遥终端,"S"代表配置了标准型二遥终端,"A"代表配置了动作型二遥终端,无字符代表未配置站所终端,"B"代表配置了基本型二遥终端。

3 电网拓扑图

3.1 电网拓扑图应反映供电区域内配电网主要设备的电气连接关系,突出表现网络的主干和联络关系。

3.2 电网拓扑图主要包括发电厂(站)、变电站、配电室、开关站、环网柜、线路开关(分段、联络)、线路设备等,并应标注出发电厂(站)、变电站、配电室等站点名称及容量,线路及线路设备的名称及型号,配电自动化终端类型等信息。

3.3 电网拓扑图应标注出正常运行方式下,线路的分段、联络情况,即标注出线路正常运行方式下,开关站、环网柜、分段联络开关的接线方式及运行方式(可见附图3)。

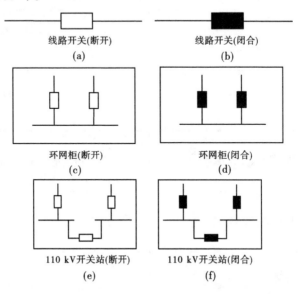

附图3　配电设施画法示意

3.4　电网拓扑图基本图元间应紧密连接,出线可水平布置或垂直布置,应尽量减少导线、连接线等图线的交叉、转折。

3.5　电网拓扑图常用图形符号见附表47,示意图可参照附图4。

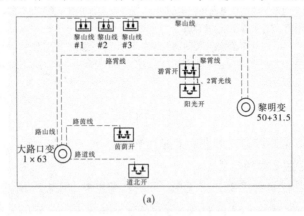

(a)

附图4　电网拓扑线图画法示意

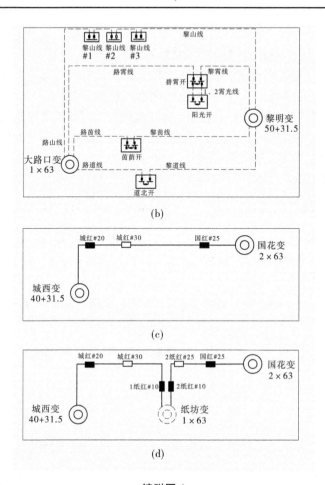

续附图 4

4 地下廊道图

4.1 地下廊道图应体现不同类型地下廊道(综合管廊电力舱、电力隧道、电缆沟、排管)现状年、规划年的走向和规模,宜体现廊道使用情况。

4.2 地下廊道图的底图应简洁清晰、信息完整、绘制准确,应采用淡化地图。地下廊道图中选用的路网地图可与 10 kV 电网地理接线示意图所选用的路网地图一致。

4.3 针对不同类型地下廊道,应用不同的颜色进行标示,此处为黑白(见附表 47)。

4.4 针对不同类型地下廊道,应标注综合管廊电力舱、电力隧道、电缆沟的断面尺寸,排管的管径及孔数;宜标注廊道资源的利用情况(截至现状年,廊道中放置的不同电压等级的电缆数量)。

4.5 地下廊道图标注应满足以下要求:

A)同一条廊道的不同断面尺寸宜分别标注,以示区分;

B)廊道资源利用情况标注宜按照电压等级由高到低的顺序排列,标注格式为电压等级-已放电缆回数(电压等级)-已放电缆回数/……[参照附图5(a)];

C)规划廊道可只标注断面尺寸[参照附图5(b)];

D)标注宜位于廊道上方或右侧,文字颜色应与廊道颜色一致。

$2.6 \times 2.9(220-2/110-4/10-6)$

$\Phi 150 \times 12 + D162 \times 2(110-4/10-6)$

(a)现状廊道

2.6×2.9

$\Phi 150 \times 12 + D162 \times 2$

(b)规划廊道

注:
1.2.6×2.9表示廊道宽2.6 m、高2.9 m;
2.220-2/110-4/10-6表示截至现状年,廊道中放置220 kV电缆2回、110 kV电缆4回、10 kV电缆6回;
3.$\Phi 150 \times 12 + D162 \times 2$表示12根外径为150 mm的圆管+2根162 mm×162 mm的方形九孔管(用于敷设弱电线缆)。

附图5 廊道标注示意

参 考 资 料

[1]《国家电网有限公司配电网网格化规划指导原则》.
[2]《国网发展部关于印发配电网典型供电模式的通知》(发展规二[2014]21号).
[3]《国网河南省电力公司关于印发"煤改电"配套电网改造原则和技术标准(试行)的通知》(豫电发展[2018]573号).
[4]《国网河南省电力公司关于加快推进农网发展三年上台阶的指导意见》(豫电发展[2015]595号).
[5]《江苏配电网网格化单元制规划工作手册》(2018).
[6]《关于印发〈河南省城镇新建住宅项目电力设施建设和管理办法〉的通知》(豫建[2016]33号).
[7] 国家电网有限公司.配电网发展规划评价技术规范:Q/GDW 11615—2017[S].
[8] 国家能源局.配电网规划设计技术导则:DL/T 5729—2016[S].北京:中国电力出版社,2016.
[9] 中华人民共和国住房和城乡建设部.城市电力规划规范:GB/T 50293—2014[S].北京:中国建筑工业出版社,2015.
[10] 国家电网公司.配电网规划设计技术导则:Q/GDW 1738—2012[S].
[11] 国家电网公司.配电网技术导则:Q/GDW 10370—2016[S].
[12] 国网河南省电力公司电网设备装备技术原则(2016年).
[13] 国家电网公司.分布式电源接入电网技术规定:Q/GDW 1480—2015[S].